馮自由著

中華民國開國前革命史

上編

陳少白署

民國滬上初版書·復制版

中華民國開國前革命史

上編

馮自由 著

上海三聯書店

民国沪上初版书·复制版

出版人的话

如今的沪上，也只有上海三联书店还会使人联想起民国时期的沪上出版。因为那时活跃在沪上的新知书店、生活书店和读书出版社，以至后来结合成为的三联书店，始终是中国进步出版的代表。我们有责任将那时沪上的出版做些梳理，使曾经推动和影响了那个时代中国文化的书籍拂尘再现。出版"民国沪上初版书·复制版"，便是其中的实践。

民国的"初版书"或称"初版本"，体现了民国时期中国新文化的兴起与前行的创作倾向，表现了出版者选题的与时俱进。

民国的某一时段出现了春秋战国以后的又一次百家争鸣的盛况，这使得社会的各种思想、思潮、主义、主张、学科、学术等等得以充分地著书立说并传播。那时的许多初版书是中国现代学科和学术的开山之作，乃至今天仍是中国学科和学术发展的基本命题。重温那一时期的初版书，对应现时相关的研究与探讨，真是会有许多联想和启示。再现初版书的意义在于温故而知新。

初版之后的重版、再版、修订版等等，尽管会使作品的内容及形式趋于完善，但却不是原创的初始形态，再受到社会变动施加的某些影响，多少会有别于最初的表达。这也是选定初版书的原因。

民国版的图书大多为纸皮书，精装(洋装)书不多，而且初版的印量不大，一般在两三千册之间，加之那时印制技术和纸张条件的局限，几十年过来，得以留存下来的有不少成为了善本甚或孤本，能保存完好无损的就更稀缺了。因而在编制这套书时，只能依据辗转找到的初版书复制，尽可能保持初版时的面貌。对于原书的破损和字迹不清之处，尽可能加以技术修复，使之达到不影响阅读的效果。还需说明的是，复制出版的效果，必然会受所用底本的情形所限，不易达到现今书籍制作的某些水准。

民国时期初版的各种图书大约十余万种，并且以沪上最为集中。文化的创作与出版是一个不断筛选、淘汰、积累的过程，我们将尽力使那时初版的精品佳作得以重现。

我们将严格依照《著作权法》的规则，妥善处理出版的相关事务。

感谢上海图书馆和版本收藏者提供了珍贵的版本文献，使“民国沪上初版书·复制版”得以与公众见面。

相信民国初版书的复制出版，不仅可以满足社会阅读与研究的需要，还可以使民国初版书的内容与形态得以更持久地留存。

2014年1月1日

中華民國開國前革命史

章炳麟署

創業維艱

民國十七年夏

張繼

章序

自亡清義和團之變。而革命黨始興。至武昌倡義凡十一年。自武昌倡義至於今又十七年。事狀紛拏。未嘗有信史。故舊或勸余爲之。余猶豫未下筆。蓋身不與其事者。非審問則不敢言。身與其事者。所見乾沒忮戾之事亦多矣。書其美不隱其惡。或不足以爲同志光寵。是以默而息也。南海馮自由。與同盟會最久。又嘗爲稽勳局長。以其所見。又徧訪故舊。而作民國開國前革命史。雖未周悉。然阿私之見少矣。其以開國前名者。以爲情有誠僞。事有輕重。事後之所爲者。不得與事前比。且將以前之艱難。曉示後進。使無敢侮耆舊擅興作也。夫天下神器也。有異族逼處於此幾三百年。猝然欲還吾所固有者。此非一手一足之所勝任可知已。是故提倡之與實行。其功相衡。其人亦衆多莫適爲主。當提倡時。小小舉兵固有焉。而皆襲其邊垂。事不久長。及夫據形勢擣中堅。往往實行者自爲之。謂不在提倡者度中。誠不可。若乃起某時。攻某地。發令而告。剋日而會。則非提倡者所能與也。且事常有素所輕忽。或異同錯雜其間。而卒有成就者。斯固始慮所不及也。光復會比於同盟會。其名則隱。然安慶一擊。震動全國。立懦夫之志。而啓義軍之心。則徐錫麟爲之也。孫黃在同盟會。所見頗時。異多謂黃迂闊不足應變。然廣州之役。震動侔于安慶。而爲武昌事先驅。則黃興趙聲爲之也。譚人鳳宋教仁素親黃興。廣州之役。則二子以爲輕舉。黃興亦不肯聽其言。然還入中原。引江上之勢。而合武昌之羣黨。未半歲遂以集事。則譚人鳳宋教仁爲之也。共進會出同盟會後。黃興在日本東京。聞之不怡。與其首領焦達豐爭辯。焦亦抗言不肯屈。然武昌之起。黃興所不與知也。譚宋雖和會其人。乃謂舉兵當俟三年後。及決策奮起。後引湘中。而前舉漢上。豪帥制兵。齊勢並舉。則焦達豐爲之。而自孫武以下。率兼入共進會者也。自徐錫麟死。光復會未有達者。李燮和乃流寓爪哇一教員耳。而能復振其業。返歸滬海。與湘軍東伐者相結。江南製造局之役。事敗氣熸。乃以數百人脅突其門而舉之。上海一下。江浙次第反正。則李燮和爲之也。徐錫麟趙聲最先死。達豐事成亦遽死。教仁與人鳳又次第死。而燮和乃陷入帝制。爲世詬病。故自民國九年以後。知當時實事者已少。夸誕之士。乃欲一切籠爲己有。亦曷足怪乎。且革命者。非常之事。固志士仁人之所愼也。開國以還。惟蔡鍔起抗帝制。有恢復功。其餘或事易不足數。或其始頗循名義。而終自負其言。操之太蹙。則于國家人民。禍福未可知也。自由之爲此。蓋痛生民之無告。念亂流之不已。謂其本皆由不鏡前事致之。亦可謂發憤有作者矣。余于開國前後諸大事。聞其謀與其役者頗衆。雖不敢謂有功。

自視亦庶幾無疚。獨民國二年。以宋教仁之死。同志發憤與中央政府抗。余亦頗與焉。稽之大法。蓋不可以爲至當矣。顧其時清故恭親王潛謀復辟。因緣張勳。與南方人士相聞。同志不深觀其利病。欲因勢就用之。余力言其非始已。不然。與宗社黨同汚。所謂志士者竟安在耶。此猶可以自慊者也。綜觀開國以來十餘年中。贊帝制。背民國。延外患。參賄選。及諸背義賣友之事。革命黨之不肖者皆優爲之。獨復辟事不與。則事前訓練之功猶不可沒。此余所願舉以告天下者也。民國十有七年七月章炳麟序。

萱野長知致著者書

自由先生閣下。久違久違。想念之至。弟近亦脫離政界。不爲一切之競爭。現方從事礦山採掘。所說中華革命運動。革命黨從事于此。數十年於茲矣。而革命大業得以屹然於世界者。其經過歷史千頭萬緒。無一非諸同志慘憺經營斷頭流血之收穫物也。閣下夙與孫公中山同志首唱革命。南船北馬。三十餘年。民國前後革命之役。靡不參與其間。故於公祕事實均知之最稔。今有志編輯中華民國開國前革命史。在閣下確爲惟一之編輯適任者也。刻成之時。可以彰潛德之幽光。慰故人于泉下。而亞洲之紙價。必因之昂騰。可預決矣。但弟所希望者有三。（甲）冊偏于廣州及廣東人。（乙）冊誤第一次革命之眞相。（丙）冊忘同盟會前後各省同志之苦心運動。如克強教仁人鳳諸兄之歷史及諸老同志之事實。另封寄呈寫眞一枚。即弟于潮州失敗後。與許雪秋喬義生方漢城諸兄逃亡汕頭時攝影者。弟所藏一二三之三次革命紀念材料極多。現在整理中。大著出版時。請先惠一本。弟當亟行翻譯發表。以餉邦人。此候暑安

弟萱野長知，　七月三十一日

自序

中華民國成于革命黨之手。此世人所公認也。今距民國建元十有七年矣。爲問四萬萬人中能言民國創作之歷史者幾何人乎。環顧海內外。能答此問者。蓋寥落若晨星之可數焉。嗚呼。此眞民國存亡之一大關鍵也。夫水有源。木有本。身爲民國國民。而于國家締造之艱難。乃茫然無所知。則欲其克盡國民之天職。相與愛護而光大之也。不亦難哉。由此可知近年共產邪說得以流毒于中土。而一般青年學子紛然爲赤俄作虎倀者。誠非無故矣。余維民國歷年擘亂之原因。由於國人愛國心之缺乏。而愛國心之缺乏。則由於革命開國史之未備。斯固革命黨後死者未了之責也。余革命黨之一員也。行年十四。(乙未)即獲訂交孫逸仙陳少白兩先生於余父之文經商店。自興中會以迄同盟會大小數十役。什九與聞其事。且主持香港中國日報有年。民元長臨時稽勳局時。於各省革命事跡之調查。尤不遺餘力。故三十年來寶藏革命時代之各種筆記報章表册等等。爲數至夥。宜乎可以從事於革命史之編輯矣。其所以遲遲未克蕆事者。則以余於民二七月贛寧二次革命之役。嘗爲袁世凱逮捕繫獄。所存文卷。亦多隨稽勳局檔案而致散失。是以有願未逮。憾也何如。乃觀輓近人心變幻。與時俱進。禮義廉恥蕩。然無存。益覺編輯革命史之舉爲刻不容緩。於是重行搜集舊稿。幷廣徵故舊同志所經過之事實。筆之於書。凡三十餘萬言。題曰中華民國開國前革命史。所以定名開國前者。卽明示辛亥前後革命事跡之輕重大小爲不容混淆也。余不敢謂此書取材之豐富出於一切載籍之上。然自信此書實較出版以前之任何記載爲詳細確實。此余可以負責公言者也。又此書以急於付梓之故。未能向故舊同志一一探求事實。掛一漏萬。誠所不免。補苴罅漏。請俟異日。海內外諸同盟。其有短篇隻字。列舉所知。以匡余不逮者乎。余引領望之。民國十七年四月馮自由自序於上海。

本書大意

一本書定名開國前者。以民元南京參議院制定臨時稽勳局官制。有開國前及開國時之區別。著者前掌稽勳。即以此爲標準。規定乙未廣州失敗至辛亥八月武昌起義以前諸役爲開國前。從武昌起義至民元新正南京政府成立爲開國時。從南京政府成立至三月統一政府成立爲開國後。（例如辛亥八月前捐餉一元可抵南京政府成立前捐餉十元又可抵統一政府成立前捐餉百元）本書之編輯。亦從斯義。以武昌起義之日爲止。至於開國時記載。亦當另行徵集。繼續出版。

一本書以香港中國日報及著者歷年筆記民元臨時稽勳局調查表冊爲底本。著者于庚戌冬（清宣統二年）嘗彙集藏稿。撰一文曰中國革命之種種運動。載諸雲高華埠大漢日報及舊金山大同日報。約四五萬言。爲庚戌以前最翔實之革命記事。此稿不幸于民二七月袁世凱派兵大搜稽勳局時。同時散失。而求諸美洲二報。亦復無存。故本書之編輯。不得不另起爐竈。重行搜集材料。

一本書最有力之助者。爲老友陳君春生。陳君任中國日報筆政最久。生平有珍藏舊書報癖。著有滿清二百年來失地記、漢滿民族戰史、客民源出漢族論、諸書。皆極有價值之作。其人志節清高。不求聞達。民國以來。未列仕籍。近年竟致窮無立錐。求一噉飯地而不得。亦可慨矣。民八某月聞著者有搜羅革命史料之志。乃舉其多年保存之中國報及各種書報盡以見惠。就中多屬碩果僅存之舊稿。彌足寶貴。匪獨令本書生色不少。他日正史有成。當亦拜其嘉賜也。

一本書所載康有爲梁啓超徐勤諸人親筆函件。乃中山先生于壬寅年（清光緒二十八年）在橫濱付托著者保管之物。中有一函爲庚子（清光緒二十六年）亡友林君述唐致容君星橋述漢口運動情形約中山先生同時舉事者。原函亦遭稽勛局之厄。不可復得。幸事前述唐之兄某曾借去拍照。其底本今或存在。容當探索補載。此外尚有數函。以無關緊要。故不錄。

一中山先生自傳頗有錯漏。最著者。如甲辰（清光緒三十年）東京軍事學校之組織。丁未（清光緒三十三年）汕尾運械之失敗。及乙巳（清光緒三十一年）著者被派赴香港辦理黨務軍務報務等事。均一字不載。又如丙午（清光緒三十二年）喬君義生偕法武官過南京。僅結識巡警局同志蔡某等數人。而自傳謂趙伯先約營長以上皆往見。又戊申（清光緒三十四年）河口之役。黃君克強親入軍中。數日始出。人所共知。而自傳謂克強至半途卽被法官扣留遣送。一似克強足跡並未履及河口也者。凡此諸點。皆與事實不符。著者八年前已請中先山生據實修正。先生謂須俟修革命史時始可詳細補入。且屬著者廣集史料。以資考證。今中山先生逝矣。修正之責。著者義不敢辭。一得之愚。想亦爲參與諸役同盟所樂聞也。

一本書材料搜集二十餘年。無一字無來歷。除著者躬親參與者外。如興中會事實。係得自中山先生及陳少白謝讚泰（著有英文中國革命秘史敘述興中會事詳頗載香港南華早報另有單行本）尤烈諸君。華興會及同仇會事實。係得自劉揆一君。歐洲同盟會事實。係得自賀之才史青朱和中諸君。防城鎮南關欽廉河口諸役事實。係得自黃克強王和順黃明堂諸君。武昌發難事實。係得自宋教仁譚人鳳孫武鄧玉麟吳醒漢潘公復諸君。其他諸役。或根據舊報筆記。或探詢關係人員。皆一一據實述載。無一毫私見存焉。

一本書所錄載各函件原文。均另印製電版。以明眞相。其有不滿意個人之言論。著者概不負責。

一東京同盟會本部經過。以劉揆一何天炯二君知之最詳。而黨冊盟書則概存何君手。民十三何君有革命史衡之編纂。求助于著者。幷以無赫齋主名義致函諸老友徵求革命事實。旋退處與寧鄉中。從事著述。乃所業未竟。而病死于鄉。故老凋謝。良可痛嘆。聞遺稿材料極富。著者已請何君介弟天瑞以其遺稿見贈。俟寄到時。即當另印專本。以餉同志。

一本書以同盟諸老友敦促出版。急於付梓。故未暇將原稿向每役關係者一一徵求意見。而每役敍述事實。往往雜亂無章。亦未能加以藻飾。掛一漏萬之嫌。叠床架屋之誚。自知不免。容俟續版時再行訂正。

中華民國開國前革命史上編圖像目錄

中華民國開國前革命史上編目錄

孫中山肖像

楊衢雲肖像

黃克強肖像

章太炎肖像

著者肖像

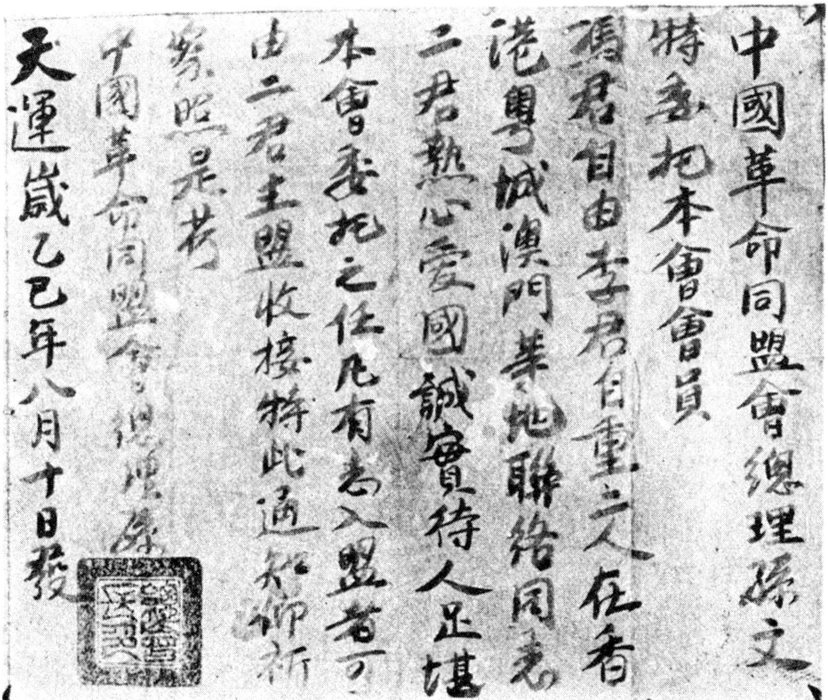
中國革命同盟會總理孫文
特委托本會會員
馮君自由李君自重二人在香
港粵城澳門等地聯絡同志
二君熱心愛國誠實待人足堪
本會委托之任凡有志入盟者可
由二君主盟收據特此通知仰祈
務照是荷
中國革命同盟會總理孫
天運歲乙巳年八月十日發

同盟會成立後第一次發出之委任狀

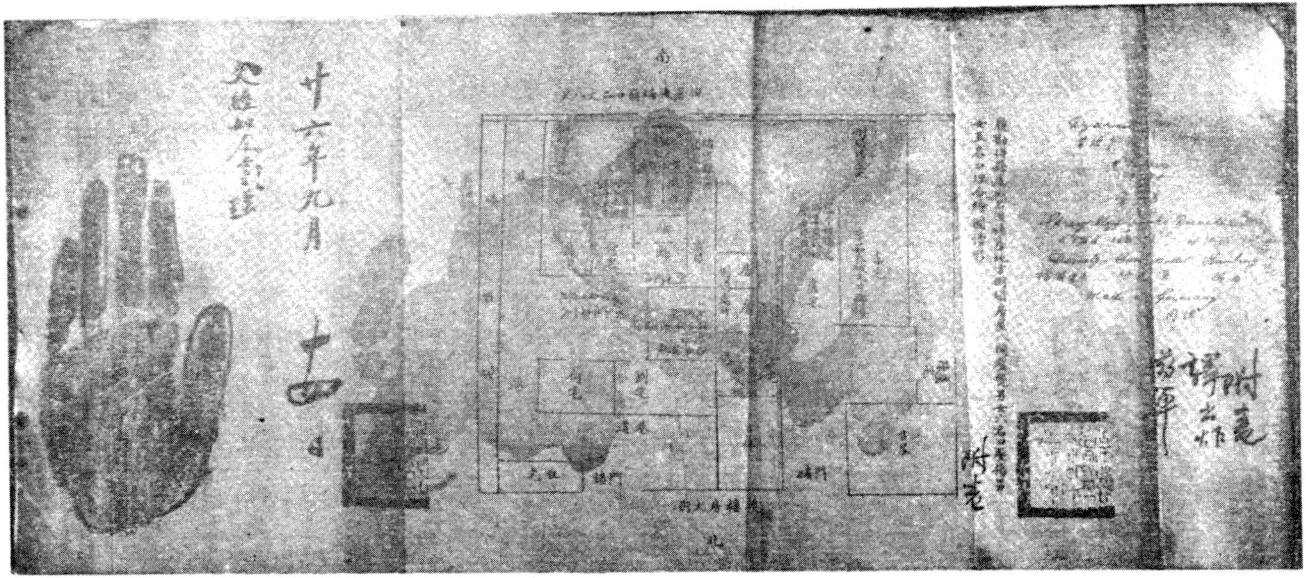

史堅如掌模及炸燬撫署樓房圖德文炸藥配製單合照

史堅如供詞攝影

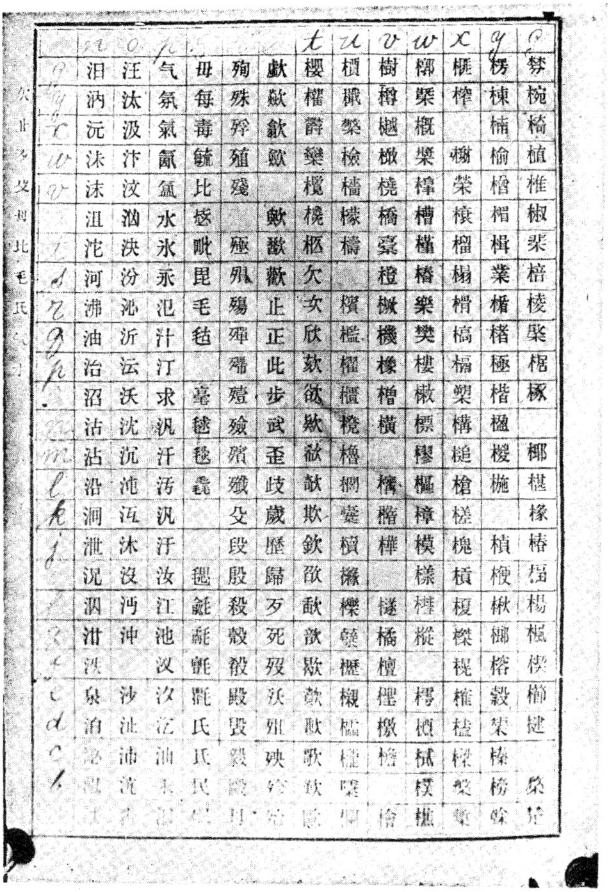

丙午丁未兩年用之革命黨電報密碼

（潮惠欽廉鎮南關諸役所用）

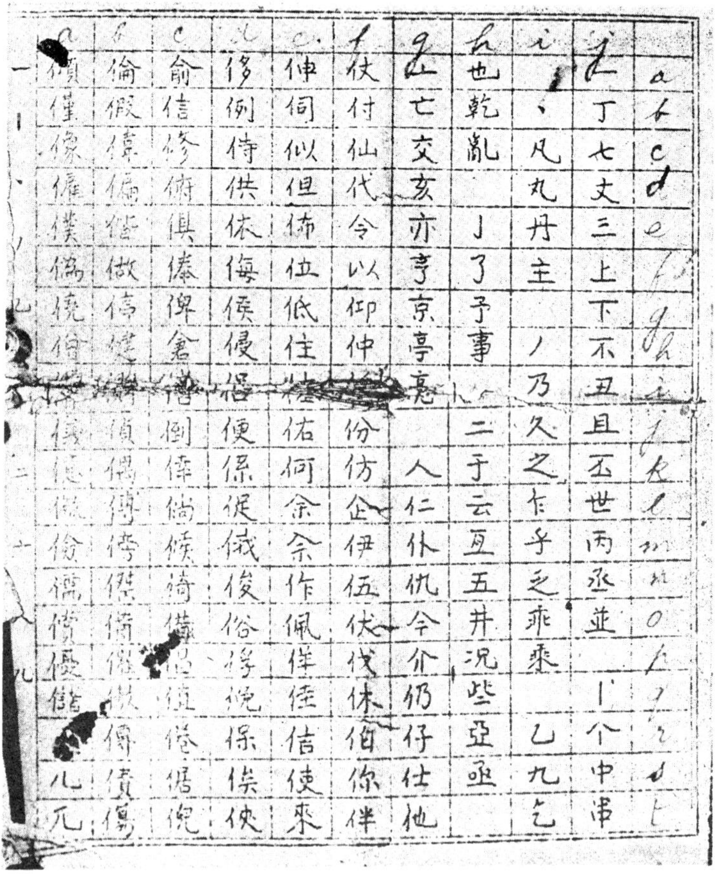

a	b	c	d	e	f	g	h	i	j	
價	倫	俞	侈	伸	仗	[illegible]	也		[illegible]	a
僅	假	信	例	伺	付	亡	乾	丶	丁	b
像	偉	修	侍	似	仙	交	亂	凡	七	c
僱	偏	脩	供	但	代	亥		丸	丈	d
僕	偕	俱	依	佈	令	亦	亅	丹	三	e
僞	做	俸	侮	位	以	亨	了	主	上	f
僥	停	俾	侯	低	仰	京	予		下	g
僧	健	倉	侵	住	仲	亭	事	丿	不	h
[illegible]	[illegible]	[illegible]	侶	[illegible]	[illegible]	亮		乃	丑	i
儀	偵	倒	便	佑	份		二	久	且	j
億	偶	倖	係	何	仿	人	于	之	丕	k
儆	傅	倘	促	余	企	仁	云	乍	世	l
儉	傍	候	俄	佘	伊	什	亙	乎	丙	m
儒	傑	倚	俊	作	伍	仇	五	乏	丞	n
償	倩	備	俗	佩	伏	今	井	乖	並	o
優	傲	[illegible]	俘	佯	伐	介	況	乘		p
儲	[illegible]	值	俛	[illegible]	休	仍	些		丫	q
	傳	倦	保	佶	伯	仔	亞	乙	个	r
儿	債	倨	俟	使	你	仕	亟	九	中	s
兀	傷	倪	俠	來	伴	他		乞	串	t

戊申以後用之革命黨電報密碼

（戊申河口及庚戌廣州辛亥黃花岡諸役所用）

丙午年印行之革命政府英法文百元軍債券（一）

丙午年印行之革命政府英法文百元軍債券（二）

庚戌辛亥間印行之中華民國十元金幣券（一）

庚戌辛亥間印行之中華民國十元金幣券（二）

中華民國開國前革命史上編

馮自由著

第一章　中國革命之動機

革命之趨勢　孫中山略歷　檀島華僑之贊助　楊衢雲略歷

革命之趨勢　吾國自太平軍興以還。種族思潮。磅礴全國。滿虜二百數十年之基業不絕如縷。雖洪氏中道挫折。而反清復漢之思想。已深濟於祕密會黨之間。牢不可拔。其動機殆成箭在弦上一觸即發之勢矣。及甲申（清光緒十年）甲午（清光緒二十年）二役之敗。割地喪師。民怨沸騰。有識之士。漸知非變法不足以圖強。非革命不足以救國。於是有所謂革命維新之政治團體出焉。主張驅除滿族創立民國之政治團體。曰興中會。其首領爲孫文楊飛鴻。主張保存清室變法圖存之政治團體。曰強學會。其首領爲康有爲。孫楊康三氏皆粵人也。其初兩派對於國事。宗旨均頗接近。孫於乙未（清光緒二十一年）廣州發難之先。嘗赴天津。上書李鴻章。條陳改革。而康之弟廣仁及其徒何章陳千秋。於戊戌（清光緒二十四年）政變之前。亦嘗詣孫楊磋商合作。故當日兩派如聯合謀國。原非不可能之事。顧孫以不見納於李鴻章　知淸廷漢大員不足與謀。遂與楊飛鴻同組織興中會。爲革命之原動力。康則於戊戌政變後。深感淸帝知遇。創設保皇會以竭其犬馬戀主之誠。由是革命保皇兩黨。勢同水火。此四百餘州之革命大舞臺。遂由興中會領導前進焉。

孫中山略歷　興中會首領孫文。字逸仙。又號德明。粵之香山人也。乙未年亡命日本。嘗從東俗。自號中山樵。或稱高野。近人所稱中山。即其留日時別號也。孫少有大志。廣交遊。居常最好搜索太平天國遺事。年二十。肄業於廣州博濟醫院。與同學鄭士良號弼臣者交最密。鄭爲三點會員。於祕密會黨中交遊頗衆。後此孫運動會黨起事。以鄭之力爲多也。翌年轉學於香港雅麗士醫院。每於學課餘暇。日以提倡排滿爲事。時聞而附和者。僅得陳白黃詠襄尤烈楊鶴齡陸皓東等數人而已。陳與孫同學。交誼最密。黃乃香港議政局議員黃勝之子。頗負時望。尤任香港華民政務司署書記。屬洪門黨籍。楊與孫同鄉。有先代遺業楊耀記商號在香港歌賦街。孫常假該店爲議論時政之所。陸爲上海歸客。與孫初交。一見如故。孫得此數同志爲輔。覺吾道不孤。鼓吹益力。癸巳年以全校第一名畢業醫學。遂懸壺於廣州澳門兩地。並創設二藥肆。在廣州冼基者名東西藥房。在澳門康公廟前者名中西藥房。時粵中

西醫極少。而孫獨以醫術顯名。尤精解剖術。就診者戶限爲穿。藥肆營業因而鼎盛。時尤烈

少年時代之孫中山

方任廣雅書局內之廣東輿圖局測繪生。因得借用該書局內南園之擴風軒爲祕密聚會所。孫尤與陸皓東魏友琴鄭士良程耀宸程奎光程璧光數人恆假其地談論國事。孫率先提議創設興中會爲進行機關。以驅除韃虜恢復華夏爲宗旨。衆贊成之。然是時會員寥寥。尙無如何具體之組織也。孫自是日與鄭士良尤烈等聯絡會黨。交結官紳。藥肆資本及治病所得。均移作交遊之費。又以見嫉於澳門葡醫。竟爲葡官禁止在澳開業。而藥肆貿易遂以不支。孫丁此困厄。乃忽萌上書李鴻章條陳變法之

思想。自草底稿。就商於香港同志陳白等。時值甲午中東戰役。清軍連敗。全國震驚。孫乃偕陸皓東赴上海。謁王韜與商時政。王爲介紹於李鴻章幕府洋務文案羅豐祿。孫至天津。擕其改革時政意見書求謁。李拒絕不見。孫於是失望而有檀香山之行。

檀島華僑之贊助　檀香山又稱夏威夷羣島。華人稱其首都曰檀香山正埠。有華僑約四萬人。孫之兄眉。號德彰。在夏威夷羣島所屬之茂宜島營畜牧業數十年。有牛千數百頭。土人咸以茂宜王稱之。甲午年孫至檀香山。以反清復漢事商諸舊日親友。是時華僑風氣尚極閉塞。聞其言者多爲掩耳。居數月僅得同志數十人。第一次假卑涉銀行華經理何寬寓所開會。列席者有何寬李昌黃華恢劉祥劉壽劉卓曹彩黃亮鄧蔭南鄭金程蔚南鍾木賢李祿宋居仁等十餘人。卽由孫提議定名曰興中會。隨舉孫爲會長。永和泰號司事黃華恢爲司庫。李昌等爲幹事。并發起募借起義軍債。規定成功日加倍償還。約得款數萬元。其兄德彰協助尤力。無何中東戰事告終。國人以馬關條約之恥辱。異常憤激。孫認爲有機可乘。乃偕鄧蔭南聯袂東返。舟過日本橫濱。藉船上售物商陳清之介紹。結識旅日僑商馮鏡如紫珊兄弟及譚發三人。付與興中會討滿章程一大束。託其廣爲宣傳。馮氏兄弟願設立革命團體於橫濱。以爲祖國革命之聲援。孫離日未久。會所隨而成立。乙未廣州失敗後。革命黨員多借日本爲逋逃藪。卽濫觴於

庚寅年輔仁文社社員楊衢雲等攝影

此時。

楊衢雲略歷　興中會首領楊飛鴻。原名合吉。字肇春。又號衢雲。福建漳州府海澄縣三都鄉人也。生於辛酉年（清咸豐十一年十一月十八日）幼從父清水讀於鄉。年十四。投香港國家船廠學習機械。因失愼。斷右手中三指。於是轉習英文。卒業後任香港灣仔國家書院教授。旋充招商局書記長及新沙宣洋行船務副經理等職。其爲人仁厚和藹。急公好義。尤富於愛國思想。以性好任俠。嘗從拳師習技擊術。雅有心得。自甲申中法戰役之敗。卽有志於反清復漢。嘗於粤中物色同志。無應之者。庚寅年（清光緒十六年）與友人謝讚泰劉燕賓陳芬黃國瑜羅文玉周超岳溫宗堯胡幹之等十六人。發起輔仁文社於香港。以開通民智爲宗旨。初假劉燕賓所辦之炳記船務公司爲會議所。至壬辰年二月十五日（清光緒十八年）始設機關於百子里第一號二樓。楊被選爲會長。此會內容雖未含有政治上激烈之性質。然仍時不免香港警察之窺伺也。謝讚泰字聖安。粤之開平縣人。其父日生爲澳洲著名僑商。屬洪門黨籍。時以滿虜吞滅華夏之歷史訓迪其子讚泰讚棠二人。故讚泰幼承家訓。恆以繼承先志爲務。聞楊有志反清。遂與訂交。輔仁文社之成。端賴其力。及乙未春間。中山自檀島返香港。欲聯合各地同志。結合新團體。以經營粤事。知楊謝等有輔仁文社之設。因與商議組黨大計。楊謝亦以勢力薄弱。非闢新途徑。無以伸張勢力。遂欣然從之。於是兩派合併。而有擴大興中會之組織。

第二章　興中會

孫楊之聯合　宣言書之頒布　中外人之贊助　會長之選舉　革命方略之會議　失敗後之活動　孫楊之會長問題

孫楊之聯合　甲午中山在檀島已極力籌餉爲革命進行之需。及歸香港。即與鄭士良陸皓東黃詠襄陳白楊鶴齡尤烈諸人擬聯絡全省革命同志。擴大興中會之組織。以利進行。因聞楊衢雲謝讚泰等所設輔仁文社宗旨相同。遂與接洽組黨事件　楊謝及文社社員一部贊成之。且願取消舊社名義。爲新團體成立之表示。於是孫楊兩派遂於乙未正月廿七日合併爲一。仍定名曰興中會。設總機關於士丹頓街十三號。榜其名曰乾亨行。凡入會者須一律宣誓。其誓詞曰驅除韃虜。恢復中國。創立合衆政府。倘有貳心。神明鑒察。會所成立後。會衆遂分途活動。中山駐廣州專任軍事。楊衢雲駐香港專任後方接應及財政事務。黃詠襄復捐送蘇杭街大樓房一所爲黨中公費。售之得資八千餘元。乙未一役頗得其力。

宣言書之頒佈　興中會成立後。即頒佈宣言書及章程十條。以資號召。因避清英二國官吏干涉。文中祇言救亡。仍未敢公然排滿及明示合衆政府之宗旨也。其文如下。

中國積弱。至今極矣。上則因循苟且。粉飾虛張。下則蒙昧無知。鮮能遠慮。堂堂華國。不齒於列強。濟濟衣裳。被輕於異族。有志之士。能不痛心。夫以四百兆人民之衆。數萬里土地之饒。本可發奮爲雄。無敵於天下。乃以政治不修。綱維敗壞。朝廷則鬻爵賣官。公行賄賂。官府則剝民刮地。暴過虎狼。盜賊橫行。饑饉交集。哀鴻遍野。民不聊生。嗚呼慘哉。方今強鄰環列。虎視鷹瞵。久垂涎我中華五金之富。物產之繁。蠶食鯨吞。已效於踵接。瓜分豆剖。實堪慮於目前。嗚呼危哉。有心人不禁大聲疾呼。亟拯斯民於水火。切扶大廈之將傾。庶我子子孫孫。或免奴隸他族。用特集志士以興中。協賢豪而共濟。仰諸同志。盍自勉旃。謹訂章程。臚列如左。

一　會名宜正也　本會名曰興中會。總會設在中國。分會散設各地。

二　本旨宜明也　本會之設。專爲聯絡中外有志華人講求富強之學。以振興中華。維持國體起見。蓋中國今日政治日非。綱維日壞。強鄰欺侮百姓。其原皆由衆心不一。祇圖目前之私。不顧長久大局。不思中國一旦爲人分裂。則子子孫孫世爲奴隸。身家性命且不保乎。急莫急於此。私莫私於此。而舉國憒憒。無人悟之。無人挽之。此禍豈能倖免。倘不及早維持。乘時奮發。則數千年聲名文物之邦。累世代冠裳禮義之族。從以淪亡。山茲泯滅。是誰之咎。識時賢者。能無責乎。故特聯結四方賢才志士。切實講求當今富國強兵之學。化民成俗之經。力爲推廣。曉諭愚蒙。務使舉國之人。皆能通曉。聯智愚爲一心。合遐邇爲一德。羣策羣力。投大遺艱。則中國雖危。無難救挽。所謂民爲邦本。本固邦甯也。

三　志向宜定也　本會擬辦之事務。須利國益民者方能行之。如設報館以開風氣。立學校以育人材。興大利以厚民生。除積弊以培國脈等事。皆當惟力是視。逐漸舉行。以期上匡國家。以臻隆治。下維黎庶。以絕苛殘。必使吾中國四百兆生民各得其所。方爲滿志。倘有藉端舞弊。結黨行私。或畛域互分。彼此歧視　皆非本會志向。宜痛絕之。以昭大公。而杜流弊。

四　人員宜得也　本會按年公舉辦理人員一次。務擇品學兼優才能通達者。推一人爲總辦。一人爲幫辦。一人爲管庫。一人爲華文文案。一人爲洋文文案。十人爲董事。以司會中事務。凡舉辦一事。必齊集會員五人。董事十人。公議妥善。然後施行。

五　交友宜擇也　本會收接會友。務要由舊會友二人薦引。經董事察其心地光明。確知大義。有心愛戴中國。肯爲其父母邦竭力。維持中國。以臻強盛之地。然後由董事帶之入會。必要當衆自承其甘願入會。一心一德。矢信矢忠。共挽中國危局。親填名册。並即繳會底銀五元。由總會發給憑照收執。以昭信守。是爲會友。若各處支會。則由該處會員暫發收條。俟將會底銀繳報總會討給憑照。然後換交。

六　支會宜廣也　四方有志之士。皆可仿照章程。隨處自行立會。惟不能在一處地方分立兩會。無論會友多至幾何。皆須合而爲一。又凡每處新立一會。至少須有會友十五人。方算成會。其成會之初。所有繳底領照各事。必須託附近老會代爲轉達總會。待總會結照認妥。然後該支會方能與總會互通消息。

七　人材宜集也　本會需材孔亟。會友散處四方。自當隨時隨地物色賢才。無論中外各國人士。倘有心淑世。肯爲中國盡力。皆得收入會中。待將來用人。各會可修書薦至總會。以資臂助。故今日廣爲搜集。乃各會之職司也。

八　款項宜籌也　本會所辦各事。事體重大。需款浩繁。故特設銀會。以資鉅集。用濟公家之急。兼爲股友生財捷徑。一舉兩得。誠善舉也。各會友好義急公。自能惟力是視。集腋成裘。以助一臂。茲將辦法節略於後。每股科銀十元。認一股至萬股。皆隨各便。所科股銀。由各處總辦管庫代收。發給收條爲據。將銀暫存銀行。待總會收股時。即彙寄至總會收入。給發銀會股票。由各處總辦換交各友收存。開會之日。每股可收回本利百元。此於公私皆有裨益。各友咸具愛國之誠。當踴躍從事。比之捐頂子。買翎枝。有去無還。洵隔天壤。且十可報百。萬可圖億。利莫大焉。機不可失也。

九　公所宜設也　各處支會當設一公所。爲會員辦公之處。及便各友時到敍談。講求興中良法。討論當今時事。考究各國政治。各抒己見。互勉進益。不得在此博奕遊戲。暫行一切無益之事。其經費由會友按數捐支。

何啓律師

十　變通宜善也　以上各款。爲本會開辦之大綱。各處支會自當仿爲辦理。至於詳細節目。各有所宜。各處支會可隨地變通。別立規條。務臻妥善。

中外人之贊助　興中會之革命計劃。大得香港律師何啓及

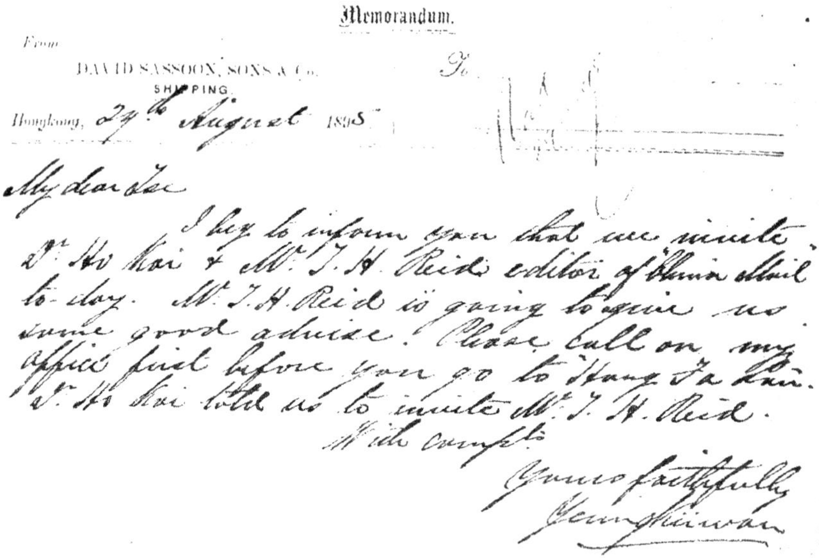
Memorandum.

From DAVID SASSOON, SONS & Co. SHIPPING. To

Hongkong, 29th August 1895

My dear Tse

I beg to inform you that we invite Dr. Ho Kai & Mr. T. H. Reid editor of China Mail to-day. Mr. T. H. Reid is going to give us some good advise. Please call on my office first before you go to Hang Fa Lau. Dr. Ho Kai told us to invite Mr. T. H. Reid.

With compts

Yours faithfully

Yeung Kui wan

楊衢雲英文函

德臣西報記者黎德 Thomas H. Reid 士蔑西報記者鄧勤 Chesney Duncan 二英人之助。兩報對於清朝政治之抨擊頗爲盡力。鄧勤曾因鼓吹華人反對政府。爲香港民政長官傳往告誡。何啟爲吾國人在英國畢業法律之老前輩。時任香港議政局議員。常在中西各報發表中國改革之政見。名重一時。對於孫楊等之進行。嘗參預大計。惟祇允從中暗助。而不願列名黨籍。興中會之英文對外宣言。即推舉英人黎德及高文 T. Cowen 二人起草。而由何啟謝纘泰修訂之。此乙未九月廿一日（陽歷一八九五年十月九日）事也。附錄乙未七月初十日楊衢雲致謝纘泰英文函如下。

謝纘泰仁兄鑒。吾等擬今日往訪何啓博士及德臣西報記者黎德君。黎德君當能與吾等以良好之指導。請兄于赴杏花樓以前先到弟之事務所。何啓博士已語吾等同訪黎德君矣。

弟楊衢雲　一八九五年八月二十九號

會長及總統之選舉　興中會初成立時。衆以事屬草創。規模未備。故會中主要職員久未確定。然事實上已分配爲二大任務。關于廣州軍事之運動。中山任之。香港之接應及財政之調度。楊衢雲任之。至是年八月廿六日因廣州運動成熟。將次發難。衆乃投票選舉會長。名之曰伯理壐天德。此職卽起事後之合衆政府大總統也。時會中分孫楊二派。競爭頗烈。中山不欲因此惹起黨內糾紛。表示退讓。結果楊衢雲當選。至廣州軍事。仍由中山主持一切。楊則在香港担任募集同志及接濟餉械等事。

革命方略之會議　是年二月間。孫楊諸人日在乾亨行商議攻取廣州計劃。二十日（陽歷三月十六日）開會。議決挑選健兒三千人。由香港乘船至廣州起事之方法。陸皓東提議用靑天白日旗。以代滿淸之黃龍旗。亦於是日通過。同時復有人報告。謂日本駐港領事言中國革命黨如果舉事。日政府可以暗助。至七月初八日。因省中籌備已竣。而乾亨行頗有偵探窺伺。遂宣佈將該行取消。初九日孫楊諸人假西營盤杏花樓開會。何啓及西報記者黎德亦在座。衆推何啓主席

南非洲尊尼士堡埠興中會攝影

。是日議決攻取方略甚詳。黎德允担任運動英國政府承認中國革命政府。不加干涉。

失敗後之活動　九月重陽日發難之舉既完全失敗。中山陳白鄭士良赴日本。旋設興中會於橫濱。楊衢雲則赴越南西貢。復漫遊新嘉坡墨特拉斯科侖布卡爾格達（印度）尊尼士堡及彼得馬尼士堡（南非洲）各埠。所至皆設興中分會。得同志黎民占霍汝丁等多人。成績頗優。丙申十月始由非洲東歸。旋復用中國合衆政府社會名義印發各種傳單分寄長江沿岸各省及海外各埠。以廣宣傳。

南非洲彼得馬尼士堡埠興中會攝影

孫楊之會長問題　興中會自乙未敗後數年。會長一職仍由楊衢雲肩任。並未改選。惟在楊南遊期間。與各省會黨及日本志士之交際。概由中山任之。故中山已不啻爲事實上之會長。及己亥冬。畢永年與哥老會龍頭李雲彪楊鴻鈞張堯卿辜天祐等有聯合各祕密會黨奉中山爲首領之議。遂有人諷楊辭職讓孫。期免黨內糾紛。適楊於是年十二月廿四日乘日輪鎌倉丸至香港。遂以此徵求謝讚泰同意。謝亦贊同。楊於是提出辭職。並薦中山自代。未幾興中三合哥老三會代表在香港開會。同舉中山爲總會長。並特製總會長印章。由日人宮崎寅藏賫往橫濱。上諸中山。其所以特稱總會長者。即明示中山之被舉。由於三會之公意。與普通會長不同也。及庚子三洲田義師失敗。楊亦被清吏刺殺。興中會自是停止軍事活動。無所發展。中山至乙巳始聯合各省同志另組中國同盟會。

第三章　乙未廣州之役

起事之籌備　失敗之原因　黨人之就義　黨人之出險　朱淇賣黨問題　譚鍾麟之奏摺

起事之籌備　興中會既成立。孫中山楊衢雲鄭士良黃詠襄陳少白陸皓東謝讚泰尤烈諸人遂決議着手革命運動。謀先襲取廣州爲根據地。由各人認定任務。分途進行。中山至羊城。初以醫術納交於軍政各界。督撫司道以其學術優越。咸器重之。中山因是得以高談時政。放言無忌。雖語涉排滿。而聞者僅目爲瘋狂。不以爲意。繼復假振興農務爲名。創設農學會爲起事機關。並設分機關於雙門底王家祠雲崗別墅及東門外鹹蝦欄張公館二處。政界要人不知底蘊。亦多列名贊助焉。籌備半載。漸臻成熟。遂定期九月重陽日發難。先由朱淇撰討滿檄文。何啓及英人鄧勤起草對外宣言。城中防營及水師泰半聯絡就範。附城各處綠林。如北江之大砲梁。香山隆都之李杞侯艾存等。均預約屆時集合。省河南北分設小機關數十處。并購小火輪二艘爲運輸用。其計畫擬在香港招集會黨三千人。初八晚乘河南輪船進省。並用木桶裝載短鎗。充作士敏土。瞞報稅關。初九早抵省垣時。齊用刀斧劈開木桶。取出鎗械。首先向城內各重要衙署進攻。同時埋伏水上及附城各處之會黨。則分爲北江順德香山潮州惠州數大隊。分路响應。更由陳清率領炸彈隊在各要區施放炸彈。以壯聲勢。預定以紅帶爲號。口號爲除暴安良四字。一切計畫。頗爲周密。

失敗之原因　時黨員朱淇之兄雁生向辦清平局事務。知其弟列名黨籍。恐被牽累。竟用朱淇名義。託該局勇目某將黨人舉動密稟緝捕委員李家焯。以期將功贖罪。李得報。一面派兵士監視中山行動。一面親赴督署稟報。是日中山方赴某大紳宴會。見有兵勇守伺左右。知事不妙。乃笑語座客曰。此輩其來捕余者乎。放言驚座。旁若無人。宴後歸寓。兵士皆熟視無覩焉。粵督譚鍾麟聞李家焯報告有人造反。急問何人。李以孫文對。譚大笑曰。孫乃狂士。焉能造反。堅不肯信。李失意而退。及初八日。楊衢雲在港以佈置尙未完備。遽通告延期二日。至初十晚派丘四朱貴全率領散處新安屬深圳鹽田沙頭各地集中九龍之會黨二百餘人。搭保安輪船晉省。然在此延豫期間。已爲駐港偵探韋寶珊所偵知。遂電告粵吏。使爲戒備。同時黨軍所私運短鎗六百餘桿亦爲海關發覺。譚督於初十日聞報。極形恐慌。急調駐長洲之營勇一千五百人回省防衛。並令李家焯率兵至王家祠鹹蝦欄等處搜獲黨人陸皓東程耀臣程懷劉次梁榮等五人。及軍器軍衣鐵釜等物。又命營官親捧王令。督同弁勇四出兜拿。就地斬首。

中山于是晨聞報事洩。即急電香港楊衢雲以止辦二字。令阻止所派之二百人勿來。詎此電到達時。人及鎗枝均已下船。無從阻截。楊祗得復電以得接太遲貨已下船請接之十字。詎保安輪船由香港動輪後。黨人所備用之洋鎗七箱。偶因他故。船中貨物移易位置。七箱之上忽為多數雜貨所積壓。臨時無法取用。黨人失此武器。如缺左右手。及該輪抵廣州時。南海縣令李徵庸已率兵在碼頭嚴密截緝。捕獲丘四朱貴全等四十餘人。餘黨知大事已去。一鬨而散。譚督以事關重大。特令南番兩縣嚴刑審訊。欲藉此大興黨獄。

黨人之就義　黨人被逮後。均視死如歸。直認殺滿興漢不諱。尤以陸皓東供詞為慷慨激昂。李令提訊時。叱陸使跪。陸不為屈。慨然索紙筆認供。振筆直書。其辭曰。吾姓陸名中桂。號皓東。香山翠微鄉人。年二十九歲。向居外處。今始返粵。與同鄉孫文同憤異族政府之腐敗專制。官吏之貪污庸懦。外人之陰謀窺伺。憑弔中原。荊榛滿

童年之陸皓東

目。每一念及　眞不知涕淚之何從也。居滬多年。碌碌無所就。乃由滬返粤。恰遇孫君。客寓過訪。遠別故人。風雨連床。暢談竟夕。吾方以外患之日迫。欲治其標。孫則主滿仇之必報。思治其本。連日辯駁。宗旨遂定。此爲孫君與吾倡行排滿之始。蓋務求警醒黄魂。光復漢族。無奈貪官汚吏。劣紳腐儒。靦顏鮮恥。甘心事仇。不曰本朝深仁厚澤。卽曰我輩踐土食毛。詎知滿淸以建州賊種。入主中國。奪我土地。殺我祖宗。擄我子女玉帛。試思誰食誰之毛。誰踐誰之土。楊州十日。嘉定三屠。與夫兩王入粤殘殺我漢人之歷史。猶多聞而知之。而謂此爲恩澤乎。要之今日非廢滅滿淸。決不足以光復漢族。非誅除漢奸。又不足以廢滅滿淸。故吾等尤欲誅一二狗官。以爲我漢人當頭一棒。今事雖不成。此心甚慰。但一我可殺。而繼我而起者不可盡殺。公羊旣歿。九世含寃。異人歸楚。吾說自驗。吾言盡矣。請速行刑。

李令以陸措辭激烈。且不肯供開同黨。遂以非刑研訊。凡釘插手足鑿齒等刑次第施之。慘不忍言。死而復甦者數次。仍堅不肯供及黨人。且曰。汝雖嚴刑加諸我。但我肉痛心不痛。汝其奈我何。旋有美國領事親訪南海縣署。謂陸某乃電報繙譯生。絕非亂黨。伊可爲之保證。李令以供辭示之。美領無言而退，至九月二十一日譚督遂令營務處鐵提陸皓東朱貴全丘四三人至校場加害。李介頗敬陸爲人。特飭人衣以長衣。其曾任廣東水師統帶之程奎光一人在營務處受軍棍六百死。程耀宸禁大有倉後死。餘外六十餘人。一律指爲愚民被惑。每名發給川資一元。分別遣散。另懸重賞購拿黨首孫文楊衢雲等。其告示照錄如下

乙未九月南番兩縣告示

現有黨匪　名曰孫文　結有匪黨　曰楊衢雲　起義謀叛　擾亂省城　分遣黨羽
到處誘人　借口招勇　煽惑愚民　每人每日　十塊洋錢　鄉愚貪利　應募紛紛
數日之前　聽得風聲　嚴密查訪　派撥防營　果獲匪犯　朱丘陸程　經衆指證
供出反情　紅帶爲記　口號分明　鎗械旗幟　搜出爲憑　謀反叛逆　律有明刑
甘心從賊　厥罪維均　嚴拿重辦　决不從輕　城廂內外　兵勇如林　搜捕亂黨
决不饒人　惟彼鄉愚　想充勇丁　不知禍害　貪利忘身　一時迷惑　概予施恩
丟去紅帶　急早逃奔　回歸鄉里　安分偷生　免遭擒獲　身首兩分　特此告示
剴切簡明　去逆效順　其各凜遵

乙未十月廣東按察使告示及賞格

欽命廣東等處提刑司按察使兼管全省驛傳事務加三級紀錄十次張爲懸賞購拿事。照得土

匪孫文糾結夥黨。暗運軍火。約期在省城滋事一案。當經拿獲匪犯陸皓東等多名審辦。惟尚有首要各匪孫文等在逃未獲。亟應懸賞緝拿。合行出示曉諭。爲此示諭闔屬軍民人等知悉。爾等如有拿獲後開賞格有名匪犯解案。一經訊明　定即如數給予花紅銀兩。銀封存庫。犯到即給。愼勿懷疑觀望。至此外案內被誘匪徒。准其改過自新。免予深究。如能拿獲後開首要各匪犯解案。仍一律給賞。各宜凛遵。毋違特示。

計開　賞格

孫文即逸仙香山縣人花紅銀一千元

楊衢雲香山縣人本籍福建花紅銀一千元

朱浩清遠人湯亞才花縣人以上三百元

王質甫江西人陳煥洲南海縣人侯艾泉香山縣人劉秉祥清遠縣人李亞舉香山縣人吳子材潮州人魏友琴歸善縣人李芝南海縣人以上二百元

夏亞伯新會縣人陳少白即夔石新會縣人莫亨順德縣人黃麗彬清遠縣人以上一百元

光緒二十一年十月　日示

黨人之出險　先是中山與鄭士良陳白歐鳳墀尤烈侯艾存等知事已洩。遂即先後離省。其存在羊城雙門底聖教書樓後福音堂之各種黨冊檄文及刀剪短鎗等物。概已投諸井中。鄭陳等同抵香港。以中山未到。疑爲被逮。中山於敗後二日。尚匿跡廣州城內。因搜索嚴密　未敢外出。十餘日後。始僱小火輪從間道赴澳門。歐鳳墀朱淇同舟至港。時黨人多疑是役失敗由於朱淇告密所致。咸爲切齒。歐鳳墀乃舉朱兄祉生冒名舉發始末。代爲力辯　然黨人對朱終不能釋然。未幾。粵吏派遣委員赴香港要求英官引渡革黨　港督乃判令孫文楊衢雲陳白三人出境五年。於是中山偕陳白鄭士良東渡日本。楊衢雲則南遊印度及非洲各地。餘人皆匿居香港澳門。暫停活動。

朱淇賣黨問題　朱淇賣黨告密一事。黨人恨之徹骨。至民國元年香港中國日報已遷館廣州。嘗著有紀念九月九日一文。仍指朱爲賣黨罪魁。攻擊甚力。歐鳳墀時居香港。乃投書爲朱辯白。題曰乙未年廣州革命失敗說。中國報按語謂歐君力代其友辯白。洵不愧忠厚遺風。但朱淇既爲革命同志。而不能大義滅親。徇兄之志。而冒賣黨之大不韙。此心究何以大白于天下乎云云。朱于乙未後以爲黨人所不容。乃赴北京創設報館。即北方著名之北京日報是也。照錄歐函全文如下。

天下有蒙不白之寃。欲辯之既無可辯。忍受之又不甘受。惟有負責引慝。任人吐罵者。

其爲乙未年九月九日將革軍黨情密報前清兩廣總督之朱淇乎。蓋是役革軍之失敗也。莫不衆口一辭曰。西關清平局勇目某出朱淇親筆賣友書信。稟報緝捕委員李家焯。故初十日僞督譚鍾麟方下捕拿黨人之令。是以功敗垂成。陸君皓東等就義。程君耀臣瘐死獄中。黨人遠竄。波及妻孥。凡屬同志。皆切齒朱淇。以其甘爲漢奸。眞狗彘不食其餘矣。此就事實上表面而觀。證據確鑿。朱淇縱有蘇秦之舌。亦不能自脫罪名。而孰知其中鉤心鬥角。有非外人所能洞悉者。余當日耳聞目見。知之獨詳。倘仍效金人之三緘。將無以大白於天下也。用敢和盤托出。以待秉持公道者之評議焉。

溯是年九月初十日午刻。羊城內機關部黨人被拿數名之凶耗甫傳至河南。余驚聞之下。卽離寓所。偕尹壻文楷僱艇渡河。奔投博濟醫局。藉爲逋逃之藪。幸嘉約翰先生念舊情殷。容余二人在局藏匿。終宵不能成寐。詰朝不敢步出局門。正在籌畫如何搬遷尹家眷口及二子一女前往香港避禍之際。忽見朱淇攜同一幼子踉蹌而來。備述昨日在城內機關部逃出情形。並謂於急遽中。僅將自撰討滿清檄文底稿焚燬。其餘黨人名冊無暇顧及。想此時已入清官手中。則彼此均大不了等語。談次。知余有香港之行。甚爲許可。匆匆別去。是晚余攜老少男女數口經附夜輪離鄉。獨留尹壻未行耳。翌日抵港。行裝甫卸。卽探訪老友王君煜初於道濟會堂。瞥見座中有朱淇父子先在。因知其昨夜同船來港者。未幾聞港官有驅逐孫君逸仙陳君少白楊君衢雲出境之說。急偕朱淇馳赴孫君寓所。已不及見。蓋早經附火船往東洋而去矣。此後港中同志僅有朱淇一人。與余昕夕過從。遙探省城研訊黨人消息而已。望後數日。朱淇手持一信來告余曰。此胞兄自省寄來之家書也。其內容當爲先生陳之。緣家兄秪生向辦清平局事務。局內有勇目某素日遇事生風。不安本分。此次淸官能知革命起事。皆由該勇目稟報者。家兄知我名列黨籍。舉家徬徨。將有封產業拘親屬之恐慌。故家兄窮思極想。設法解救。不得已僞托我名。致該勇目一信。係將革軍舉動機關部住址開出。着密稟緝捕局委員者。隨請其到家。許以厚謝。囑將此信補呈到官。並須稟稱若無朱淇此信通知在先。則大局不堪設想。朱淇雖屬黨人。不啻自行檢舉。亦可以將功贖罪等語。該勇目因貪重賄。一一照行。而李家焯竟一時被其瞞過。已將我名從黨冊剔除。且令我卽日回省。不致令人疑及在逃。是爲至要云云。朱淇言竟。復對余曰。此計不過家兄爲身命起見。於同志絕無妨害。問心本無不安。但恐他日孫君等徒聽一方面之詞。直以此信爲實有之事。則雖剖心明志。亦不能邀見諒於吾黨矣。奈何奈何。久仰先生素見重於人。遇有機會。盍爲我證明之。感且不朽矣。

余思其兄瓞生平日於官場最工運動。今爲營救骨肉之故。出此手段。當在意料之中。且木已成舟。不便多議。惟有唯唯諾諾。應允其所付託而已。以上所述情形。一字不虛。可知朱淇所作所爲。不特在可疑之列。且居然有墨信爲憑。又何怪人言嘖嘖。謂其爲賣友圖功破敗大事哉。然其鑄成此大錯者。本出自其兄瓞生之詭謀。先在省組織完全。然後函使朱淇由港返省。面見李家焯。以實其事也。朱淇之罪在此。朱淇之冤亦在此矣。自是十餘年來。曾舉此事向同志中屢次力代申辯。無如聽者均以先入爲主。反有笑余受朱淇所愚者。噫。如果朱淇於初十之前已將黨情密報清官。何必十一日挈子到醫局見訪。又何必乘夜赴港避禍。更何必在港淹留數天。後至乃兄信來。始回省耶。明理君子。誠平心思之。當不至人云亦云。其置朱淇於無以自容之地也。昨閱中國報。有春醒先生所著紀念九月九日論說一段。痛擊朱淇。幾無完膚。余甚惜之。故追述當年眞情。以代面告。至於能取信與否。非余所敢知。不過勉盡久要不忘之友道耳。

譚鍾麟之奏摺　是役也。粵督譚鍾麟以所轄省會地方發生重大變故。恐受清廷嚴厲處分。故案發多日。仍匿不上聞。詎粵籍京官聞之。竟據以入奏。清廷于十月十六日嚴諭譚督。令將首犯迅速捕拏。譚周章狼狽。乃諱稱黨人目的在刧奪闈姓餉銀。並無大志。而將陸皓東等倒滿興漢之供詞。一字不載。茲併照錄譚督覆奏廣州拿獲黨人情形摺原文如下。

奏爲覆陳九月間廣州拿獲土匪情形奏摺仰祈聖鑒事。竊臣准軍機大臣字寄。光緒二十一年十月十六日奉上諭有人奏廣東盜風日熾。請飭嚴緝一摺。據稱九月間香港保安輪船抵省。附有土匪四百餘名。潛謀不軌。經千總鄧惠良等探悉前往截捕。僅獲四十餘人。訊據供稱爲首孫文楊衢雲。共約有四五萬人潛來省城。剋期起事。現在孫楊首逆遠颺。黨類尚多。竊恐釀成巨患等語。著嚴密訪查。務將首犯迅速捕拏。以期消患未萌等因。欽此遵旨寄信前來。臣查粵俗好謠。每因小故。轉相附會。張大其詞。以搖惑人心。羣不逞之徒。乘機撞騙掠奪以取利。此他省所未有也。本年九月初。廣州謠傳高州惠州匪徒擊散後咸集香港。衆四五萬。將攻省城。人言藉藉。府縣營弁紛紛面稟。臣謂此等匪徒一擊卽散。首匪已誅。尚何能爲。高州距香港千里。惠州亦數百里。萬衆持械經過。各州縣關卡無一見者。香港一隅驟增數萬人。何處棲止。每日需米數百石。何人供給。鄉州又不聞有搶掠者。食從何來。此必有匪人欲煽惑居民遷徙。乘機搶奪之事。切宜鎭定。勿涉張皇。但嚴查保甲。稽查奸宄。多購眼線密訪。匪蹤終當敗露。省城巡防勇丁及城外兵丁。五六千人。尚復何慮。旋據管帶巡勇知縣李家焯率千總鄧惠良等於初十日在雙門底王家祠拏獲匪夥陸皓東程懷程次三名。又於鹹蝦欄屋內拏獲程耀臣梁榮二名。搜出洋斧一箱。共十五柄。十一日香港保安輪船搭載四百餘人抵省登岸。李家焯率把總曾瑞璠等往查獲朱桂銓邱四等四十五名。餘匪聞拏奔竄。經海關稅務司與釐廠委員於輪船起獲紅毛泥桶。內裝小洋鎗二百零五枝。子藥八十餘匣。當飭府縣提犯隔別研訊。據陸皓東供香山縣人。與福建人在香港洋行打雜之楊衢雲交好。因聞闈姓廠在省城西關收武會試闈姓費數百萬。該處爲殷富聚居之區。欲謀刼搶。令楊衢雲在港招五百人乘輪來省。孫文在城賃屋三處。分住陸皓東等。經理分給紅帶洋槍等事。所購洋斧因西關柵欄堅固。用以劈開柵欄。卽派人把守街口兩頭。拒絕兵勇。先雇商船在河邊等候。搶得洋銀。卽上輪船駛赴香港。本定初九動手。因招人未齊。改爲十二。不料初十日巡勇訪拏破案。孫文卽已潛逃。又提截獲之四十餘名分別審訊。據供皆在香港傭工度日。聞楊衢雲言省城現有招勇。每月給餉十圓。先給盤費附輪到省。各給紅帶一條爲號。不意上岸卽被截住。實係爲招勇而來。並不知別事。反覆推詰。各供如前。復飭營務處覆審無異。臣查此案係孫文楊衢雲爲首。陸皓東邱四朱桂銓知情同謀。潛備軍械。分給紅帶。煽惑愚民。罪無可逭。當於九月二十一日將陸皓東三犯卽行正法。以定人心。仍嚴密購拏孫文楊衢雲。務獲到案。其不知情各犯。飭府縣分別辦理。謠風頓息。四境晏然。所有辦理此案情形。遵旨據實陳覆。伏乞皇上聖鑒。謹奏。

第四章　橫濱興中會及中和堂

中山到日情形　興中會與中和堂　大同學校與華僑學校

中山到日情形　乙未廣州一役敗後。中山偕鄭士良陳少白二人至日本橫濱。時該處已有革命團體之組織。馮鏡如馮紫珊譚蘅初等遂召集同志僑商二十餘人開會歡迎。共商善後方法。決議正式成立興中分會。設會所於橫濱山下町一百七十五番。並選舉馮鏡如爲會長。趙明樂爲司庫。趙嶧琴爲書記。馮紫珊溫遇貴溫炳臣陳才鄭曉初陳和梁達卿黎煥墀等爲幹事。規模粗具。會務日有起色。是時中日和議告成。清政府新派公使領事將次入境。外間遂有日政府允許引渡革命黨之謠傳。中山亦以一時未能活動。乃與陳少白同斷髮改裝。決意遠遊美洲。向華僑籌募鉅資。爲捲土重來之計。因向華僑同志商借五百元充旅費。詎各同志多以有心無力對。僅由馮氏兄弟捐助五百元爲贈。中山得資。乃以百元給鄭士良回國。使收拾餘衆備圖再舉。另以百元給陳少白作易服費。然後隻身再渡檀島。關於中山初到日本情形。民國九年馮紫珊曾致函其姪自由。敍述其事頗詳。茲附錄如左。以資考證：

（前略）再者賢侄前與愚叔甚爲親愛。凡有要事亦到致生商酌。叔自有生以來。於兄弟

再者賢侄日前向愚叔[illegible]為親愛凡要[illegible]亦到致生商
酌。叔自有生以來於兄弟叔侄之情最愛，或者因黨
見為嫌疑而間疏，未可料也。愚叔雖惷，祇知有國恥，
絕不知黨見為何物也。叔因在橫濱被日人投石，親受
其辱也。迨得聞中山由檀歸國，道經橫濱，托陳請帶許
多傳單埋街，聲明準九月起旗作反，殺滿洲佬，復
明之本旨。愚叔得聞之下，即使陳清請孫先生埋街
一會，以敘同志之情。後陳清回話，孫先生云船期出帆在
即，不能久留，囑各同志立即組織會所，取名義
興會，以作後援云云。不料九月事敗，中山少白弼臣三人逃往
橫濱[illegible]而同志相見[illegible]斯時方運動同
志[illegible]館人趙明樂管財政[illegible]為書記[illegible]你父為議長
其[illegible]溫遇[illegible]溫[illegible]陳才陳和[illegible]會成立
說在此時不料日清戰[illegible]和約已成，欽差[illegible]事再派
中山向報陳及他三人在日本，大使因他係國犯，欽差到任
係有叔運動日政府將三人引渡，更有連累者，會員不便
之處務雖各同志竭力為之，保他三人擇路而逃云云。叔斯
時請各同志商量如法，不料各人講到會員兩字[illegible]一
人答之，叔再三向之各人面面相向，斯時激到愚叔大怒大
義責彼云，今日孫先生滿腔熱血，救同胞於水火，國家時
也[illegible]有責，所以自己挺身去做，況今日孫先生因事未
成，再起再接再勵[illegible]先生[illegible]謀之[illegible]
言過告一翻，亦無動聽[illegible]情[illegible]言大責各
各位不先集腋成裘，以救三先出關者，我[illegible]一人出

馮紫珊致其姪自由原函

叔姪之情最愛。或者因黨見。為嫌疑而間疏。未可料也。愚叔雖惷。祇知有國恥。絕不知黨見為何物。叔因在橫濱被日人投石。親受其辱。迨得聞中山由檀歸國。道經橫濱。託陳清帶許多傳單埋街。聲明準九月起旗作反。殺滿洲佬。復明之江山。愚叔得聞之下。即使陳清請孫先生埋街一會。以敘同志之情。後陳清回話。孫先生云。船期出帆在即。不能久留。囑各同志立即組織會所。取名義興會。以作後援云云。

不料九月事敗。中山少白弼臣三人逃往橫濱。寓五十二番。叔與奮初同去相見。斯時方運動同志二十餘人。趙明樂管財政。嶧琴爲書記。叔爲幹事。汝父爲議長。其餘爲鄭曉初溫遇貴溫分煥墀達卿陳才陳和等。此會成立。設在一百七十五番。不料日淸戰後。馬關和約已成。欽差領事再派。中山向叔陳及。他三人在日本不便。因他係國犯。倘欽差到任後。有權運動日政府將三人引渡。更有連累各會友不便之處。務須各同志籌五百元。俾他三人擇路而逃云云。叔斯時請各同志商量辦法。不料各人講到簽銀兩字。無一人答應。叔再三問之。各人面面相向。斯時激到愚叔大憤。用大義責彼云。今日孫先生滿腔熱血。救同胞於水火。國家將亡。匹夫有責。應該自己挺身去辦。況今日孫先生因事不成。仍望再接再厲乎。若先生有差池。誰能繼之。將此言遍告一番。亦無動聽。逼不得已。叔憤極出言大責。若各位不允集腋成裘。以救三先生出關者。就算我一人出之便是。卽答應孫先生云。該五百元準明日十二點鐘送上。决不食言。以此語散會。叔初時以此五百元作國恥犧牲。不料中山追後寄回。此乃中山之忠厚處也。在後楊衢雲被人行刺。孫先生念他剩落孤兒寡婦。養口無策。開束簽題。先生着陳才拈東到叔處簽捐。各人所簽不過三五元八元十元而已。叔見他係爲國身亡。落筆簽八十元。後爲先生贊羨。

吩咐陳才叫我時常去傾談。自始以來。凡在火車與路上見面。無一不握手爲歡。絕無意見也。孫先生得五百元。一百交少白製衣轉裝。叔薦他在文經代汝父編輯字典。一百交弼臣回港。三百中山回檀使用。此事是否。問先生料必記憶矣。叔時常欲見先生一面。以全友道。多年舊雨。曾共一方。惟他現爲總統之貴。未知念及故友否。欲去而不敢。便中望賢姪代爲致候可也。不妨言及叔之現況。（下略）叔紫珊十二月十三

興中會與中和堂　中山離日後。陳少白乃移居山下町五十三番文經商店。助馮鏡如編輯華英字典。由馮月酬筆資六十元。未幾楊衢雲尤烈先後東渡。中山在倫敦使館脫險。亦即來日。於是會務日盛。黨員漸衆。陳少白曾一度渡台灣。得同志馬文秀趙滿潮等數人。楊衢雲設帳授徒。藉資糊口。尤烈發起中和堂。專聯絡工界。從之者頗不乏人。丁酉（清光緒二十三年）秋間。僑商集議於中華會館。提議組織學校。以振興華僑子弟教育。中山薦梁啓超爲掌教。康有爲以梁不能來。改薦徐勤承之。徐勤既至。日爲康黨培植勢力。所聘教員如梁啓田湯覺頓陳蔭農盧湘父陳默庵鍾卓京林奎諸人。皆康門徒侶。大都出身科舉。長於文學。其交際手段遠在革命黨之上。大同學校董事原以興中會員居多數。至是日與徐勤等往還。耳濡目染。輒爲所化。及戊戌七月。清帝厲行變法。召用康梁。橫濱康徒莫不彈冠相慶。而僑商亦多趨炎附勢。

漸與興中會脫離關係。於是橫濱之興中會遂有江河日下之勢矣。惟中和堂以工界爲本會。位員多宗旨純一。淡于權勢。雖非興中會嫡系。而能屹然與保皇會相對抗。至民國成立後。猶持久弗衰。有足多者。

中和堂首領尤烈

其後尤烈在南洋新嘉坡檳榔嶼吉隆坡壩羅怡保芙蓉各埠。組織中和堂分部。在同盟會成立以前。南洋之革命團體當以中和堂爲最早。

大同學校與華僑學校

大同學校於戊戌後。已成保皇會機關學校。華僑子弟非隸保皇會籍者。輒被排擠。因是橫濱之興中會員及耶穌教徒三江幫各團體。乃合組一學校。顏曰華僑學校。先後延趙嶧琴郭外峯翟美徒廖卓庵胡毅生等充校長教員等職。隱然與大同學校各樹一幟。此外神戸華僑所立學校。亦分兩派。此種界限至今日猶未能消除。

第五章　丙申孫中山歐美之遊

中山再遊檀島　初次遊美之成績　倫敦使館之被囚　師友營救出險

中山二次到檀　中山於乙未失敗後避地日本。居橫濱未久。即有檀香山之行。檀島爲舊遊之地。親戚故舊既不乏人。且有興中會之設立。中山因欲擴張黨勢。並募款爲第二次之發動。然時當新敗。和者寥寥。居檀數月。遍遊夏威夷羣島，力勸僑胞貲助革命。效果絕少。因聞旅美華僑人數較衆。大可聯絡爲助。遂於丙申（清光緒二十二年）正月離檀赴美。

初次遊美之成績　美洲華僑風氣之蔽塞。較檀島尤甚。旅檀華僑以香山人爲多。粵人與外人交際。亦以香山人爲接近。故香山人實得外洋風氣之先。中山初次在檀籌款。泰半得自香山人。即因香山人較他處人爲開通也。美洲華僑以新甯新會開平恩平之四邑人佔大多數。其頑固守舊之習慣。及崇拜官僚之思想。遠過於內地。中山初到美時。在舊金山登陸後。乃乘火車橫過美洲大陸。以達太平洋西岸之紐約。沿途經沙加緬度芝加古各城市。或留數日。或十數日。所至皆向華僑痛言革命救國之真理。欲其熱心時事。合力救亡。然言者諄諄。聽者藐藐。且以中山爲謀反大逆。視同蛇蝎。其肯與往還者。僅耶穌教徒數人而已。又是時華僑所立會館堂號各種團體。星羅棋布。各以邑界姓界爲標幟。就中以洪門致公堂爲團體最大。會員最衆。其宗旨爲反淸復明。即閩粤兩省所盛行之三合會支派也。中山以其宗旨相同。在粤時因與鄭士良等交遊。於該會內容亦知大概。故對於洪門人士。嘗苦心孤詣。勸其實行革命排滿之主張。與內地革命黨聯合進行。共舉大事。然致公堂會員對於洪門之本來面目。早不了解。所謂反淸復明四字。僅於入闈（洪門稱加盟爲入闈）時循例言之。彼等固亦不知何所取義。故中山叩以宗旨所在。彼等皆瞠然不能置答。惟彼等雖遺忘其政治之意義。而於手足相顧患難相扶之情誼。則敬謹遵守。歷久勿替。此其團體所以能擴大鞏固。屹然爲華僑各團體之冠也。中山居美四月。漸爲駐美淸使館及領事署中人所悉。對中山行止。極爲注意。中山得友人報告。謂使館有不利於彼之消息。且以留美多時。無可活動。始決計赴英。

倫敦使館之被囚　八月廿五日（陽歷十月一日）抵倫敦。改名陳文。字載之。寓克賴旅館。知其師康德黎 James Cantlie 及毛生 Mauson 兩醫士返英已久。乃往訪之。相見甚歡。康寓狄汪色街四十六號。鄰接中國使館。中山每日造康寓敍談。因於途上與使館隨員鄧琴齋邂逅。鄧與中山爲舊識。他鄉遇故。頗與往還。鄧之友人亦以鄉誼之故。漸相結識。但不知爲孫文耳。九月初五陽曆十月十一日中山偶過使館門外。遇同鄉數人於道。各以粵語問訊。並邀中山入室。略敍鄉誼。中山從之。入門後。即被二人挾持登樓。禁諸室中。旋有使館顧問英人馬凱尼Halliday Marcartney 入室。詢以是否爲孫文。中山應之。馬謂中國政府現欲得汝。予得駐美公使來電。知汝乘麥遮士狄輪船來英。故設法留汝於此。以待後命云云。中山被禁六日。屢設法求館中英人僕役通信於康德黎毛生兩醫士求救。均爲使館職員搜去。不得達。偵察愈嚴密。鄧琴齋亦託故入候。表示好感。然其用意在於查探中山之行動。非有所愛於中山也。時駐英公使龔照瑗已得清廷許可。出資三十萬元租定克來公司輪船。囚送中山回國獻功。出發有日。中山束手無策。偶與英僕名柯爾者閒談。語涉耶穌教。因思得一計。叩以嘗聞土耳其皇殺戮阿美尼亞耶穌教徒否。柯爾點頭。中山乃告以自身爲耶穌教徒。爲仇教之中國皇帝所嫉視。久欲捕而殺之。如土耳其皇之戮殺阿美尼亞人者然。今使館奉中國皇帝之命捕予。即欲解送本國。置諸死地。因英國政府素重人道。保護宗教。故將予祕密拘囚。不欲聞諸外間。致生阻力。閣下如能仗義解救。不獨爲中國之福。亦大足爲耶穌教徒及英政府之助。請三思之。柯爾聞言。首肯者再。且令作密函投諸煤簍中。乘間取去。

師友營救出險　柯爾夫婦持中山密函分謁康德黎毛生兩醫士。極爲盡力。康毛乃多方設法。遍謁蘇格蘭場警長及外交部中人。請其援助。外警兩署初不信有此等事。於是更延私家偵探密查使館舉動。地球報聞之。卽據實登載。並批評英政府外交之失體及中國使館之不法。於是英相沙士勃雷侯因此向中國公使大開交涉。其初馬凱尼堅不承認。龔使且謀在使館內掘地道。移中山於別處。繼以英外部確查中國使館有租克來公司輪船事。形勢愈趨嚴重。而倫敦市民對此事尤形鼓躁。至是遂不得不於九月十八日陽歷十月廿三日恢復中山之自由。以禮送其出館。當中山離使館時。館外羣衆萬頭聳動。咸欲瞻仰此中國革命黨首領之丰采。各報訪員爭相記載。得中山一言奉爲至寶。而中山之名亦以大顯。中山脫險後。遊歷德法比諸國。考察政治數月。旋返日本。

第六章　革命保皇兩黨之衝突

兩黨衝突之原因　橫濱兩派之盛衰　戊戌後康黨之氣燄　謝康之聯合運動　孫梁攜手之經過　檀島保皇會之成立　日本志士之入獄　唐部對康梁之惡感　各地黨報之筆戰

兩黨衝突之原因　革命黨與保皇黨宗旨不合。盡人而知。惟保皇會首領康有爲梁啓超初亦以救國二字爲號召。戊戌以前。康創強學會於北京。梁辦時務報於上海。提倡新學。名動一時。於國內政治之革新及青年思想之進步。亦有相當之關係。斯固不可磨之事實也。故革命先進如孫中山楊衢雲陳少白章太炎等。於保皇會成立前。與康梁徒侶往還不絕。中山衢雲少白在香港澳門間。嘗與康廣仁何易一陳千秋商略革命。且薦梁啓超充橫濱華僑學校校長。太炎則與梁啓超同任時務報記者。後復助梁充上海廣智書局編纂。當時兩黨固非不可同冶一爐。而致力於國事也。嗣保皇會成立。旋復改稱帝國憲政會。其保救淸帝反對革命之言論。公言不諱。於是革命黨目康徒爲漢奸。斥之曰忘親事仇。殘同媚異。海內外兩黨機關報遂大開論戰。勢同敵國。至辛亥民國告成。而猶未已。

橫濱兩派之盛衰　興中會在海外分會。除檀島外。卽以日本橫濱爲首屈一指。中山及陳少白楊衢雲于乙未失敗後。常逗留橫濱。假該處爲第二次活動之策源地。時橫濱會員百數十人。多屬著名僑商。丙申冬。鄺汝磐馮鏡如等有組織學校以教育華僑子弟之議。欲由祖國延聘新學之士爲教員。以此就商于中山。中山乃薦梁啓超充任。並代定名曰中西學校。蓋興中會員從事於教育界者絕少。而康有爲則講學廿年。徒侶廣衆。中山旣與康同任國事。則辦學延師。自不能不假助於康也。鄺持中山介紹函赴上海。謁康於旅次。康以梁啓超方任時務報記者。薦徐勤爲代。並助以陳默庵陳蔭農湯覺頓。且謂中西二字不雅。更爲易名大同。親書大同學校四字門額爲贈。徐勤旣抵日本。初與孫陳時相過從。引爲同志。然徐握教育權。與僑商朝夕酬酢。友誼日深。且有同學教員爲輔。交際漸廣。而在興中會方面。則中山奔走各埠。無暇專注橫濱。僅有陳少白楊衢雲一二人來往東京橫濱間。從事接洽。自不免有相形見絀之勢。故徐勤在日本年餘。而橫濱之孫康兩黨漸成反客爲主之局。

戊戌後康黨之氣燄　戊戌政變事起。康梁師徒亡命東京。中山陳少白以同屬逋客。特親往慰問。並商以後合作問題。然康得淸帝之眷顧。以帝師自居。目革命黨爲大逆不道。深恐爲

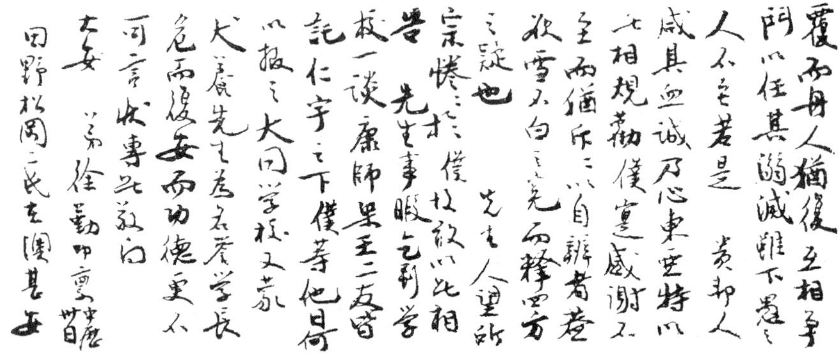
覆而舟人猶復互相爭
鬥以任其蹈滅雖下愚之
人亦不至若是　貴邦人
咸具血誠乃心東亞特以
之相規勸僕實感謝不
至而猶斥之以自辯者豈
欲雪不白之冤而釋四方
之疑也　先生人望所
宗僕之於　僕故敢以此相
告　先生事暇乞到學
校一談康師梁王二友皆
託仁宇之下僕等他日當
以報之大同學校久蒙
犬養先生為名譽學長
危而復安而功德更不
可言　專此敬問
大安　小弟徐勤叩稟　中曆廿日
田野松岡二氏並候其安

所牽累。故託事不見。是爲兩黨日後軋轢之最大原因。未幾。橫濱有保皇分會之設。僑商之與中會員泰半加入。大同學校且有不許孫文到校之標語。梁啓超發刊淸議報於橫濱。大倡勤王之說。由是兩黨交惡日甚。當時徐勤曾致書日人宮崎。力辯無攻訐中山之事。錄其原函如下。

徐勤致宮崎書

宮崎先生左右。睽別幾月。音問杳然。僕到港已得見貴領事。到澳得與田野氏晨夕接談。頃由粵返。學校事頗繁。未能親自來談。乞諒之。前聞田野氏云。貴邦人士咸疑僕大攻孫文。且疑天津國民報所刊中山樵傳。係出自僕手。聞言之下。殊甚驚異。僕與中山樵宗旨不同。言語不合。人人得而知之。至於攻訐陰私之事。介人無以自立。此皆無恥小人之所爲。僕雖不德。何忍爲之。而貴邦人所以致疑者。此必有一二人造爲浮言。以惑貴邦人聽聞耳。僕實絕無此事也。今支那之局。譬之海舟遇風。其勢將覆。而舟人猶復互相爭鬥。以任其溺滅。雖下愚之人。不致若是。貴邦人咸具血誠。乃心東亞。特以此相規勸。僕實感謝不止。而猶斤斤以自辯者。蓋欲洗不白之冤。而釋四方之疑也。先生人望所宗。惓惓於僕。故敢以此相告。先生事暇。乞到學校一談。康師梁王二友皆託仁宇之下。僕等他日何以報之。大同學校又蒙犬養先生爲名譽校長。危而復安。而功德更不可言狀。專此敬問大安。田野松岡二氏在澳甚安。弟徐勤叩稟。中歷卅日

謝康之聯合運動　丙申正月初九日。謝讚泰應陳錦濤梁瀾芬之宴。初識康有爲之弟廣仁於香港品芳酒樓。席間。謝痛言兩黨聯合救國之必要。廣仁極首肯。是年九月。謝與康有爲會晤於惠升茶行。所談不得要領。丁酉八月。謝約廣仁會於公園。廣仁謂其兄非忠心扶滿。不過欲以和平革命方法救國。現時大臣如張之洞等咸贊成其主張。故不便與革命黨公然往還。致招疑忌。孫文躁妄無謀。最易僨事。楊衢雲老成持重。大可合作。彼當力勸其兄與楊聯合救國等語。無何。廣仁死於戊戌八月之變。康有爲梁啓超同亡命日本。謝復致書康梁師徒。重申前議。並介紹楊衢雲與之接洽。康赴美洲後。楊于己亥四月廿八日。由馮鏡如介紹與梁啓超會談於橫濱山下町五十三番文經商店。事後楊馳函告謝。謂梁不願早事聯合。祇言各宜

先向自黨運動。以待時機。要之康黨素來夜郎自大。常卑視留學生及吾黨。且欲使吾黨仰其鼻息。究其實學。尙遠不如胡禮垣著之新政安衡。此種人非眞愛國者。與之合作。實爲有害無利云云。謝初於運動兩黨聯合事。極爲熱心，嗣聞楊言。始意氣蕭索。知難而退。

孫梁攜手之經過　康有爲離日赴美後，己亥（清光緒二十五年）夏秋間。梁啓超因與中山往還日密。漸贊成革命。其同學韓文舉歐榘甲張智若梁子剛等主張尤形激烈。於是有孫康兩派合併之計劃。擬推中山爲會長，而梁副之。梁詰中山曰。如此則將置康先生於何地。中山曰。弟子爲會長。爲之師者。其地位豈不更尊。梁悅服。是年梁至香港。嘗訪陳少白。殷殷談兩黨合辦事。並推陳及徐勤起草聯合章程。獨徐勤麥孟華暗中反對甚力。移書康有爲告變。謂卓如漸入行者圈套。非速設法解救不可。時康在新嘉坡。得書大怒。立派葉覺邁攜款赴日。勒令梁即赴檀島辦理保皇會事務。不許稽延。梁不得已遵命赴檀。瀕行約中山共商國事。矢言合作到底。至死不渝。以檀島爲興中會發源地。力託中山爲介紹同志。中山坦然不疑。乃作書爲介紹於其兄德彰及諸友。

附錄當日梁啓超致中山函三通如左。

（其一）　捧讀來示。欣悉一切。弟自問前者狹隘之見。不免有之。若盈滿則未有也

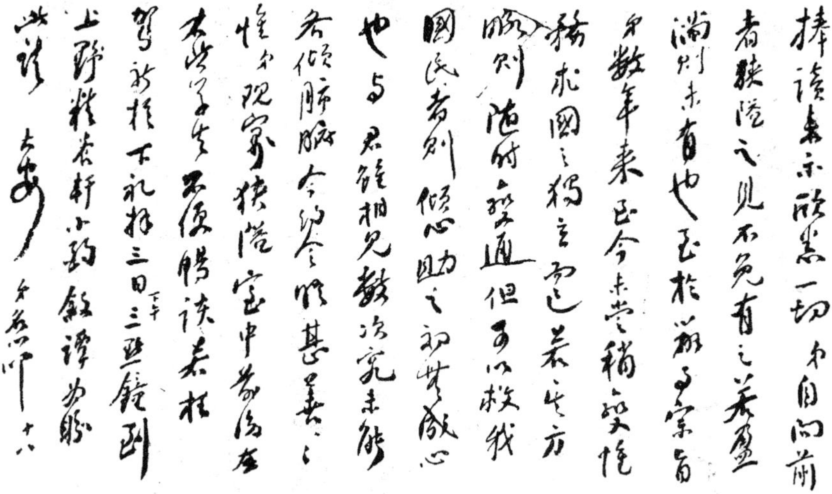

梁啓超致孫中山函一

。至於辦事宗旨。弟數年來。至今未嘗稍變。惟務求國之獨立而已。若其方略。則隨時變通。但可以救我國民者。則傾心助之。初無成心也。與君雖相見數次。究未能各傾肺腑。今約會晤。甚善甚善。惟弟現寓狹隘。室中前後左右皆學生。不便暢談。若枉駕。祈於下禮拜三日下午三點鐘到上野精養軒小酌敍譚爲盼。此請大安。

弟名心印　十八

（其二）逸仙仁兄鑒。前日承惠書。弟已入東京。昨晚八點鐘始復來濱。知足下又枉駕報館。失迎爲罪。又承今日賜饌。本當趨陪。惟今晚六點鐘有他友之約。三日前已應允之。不能不往。尊席祇得恭辭。望見諒爲盼。下午三點鐘欲造尊寓。談近日之事。望足下在寓少待。

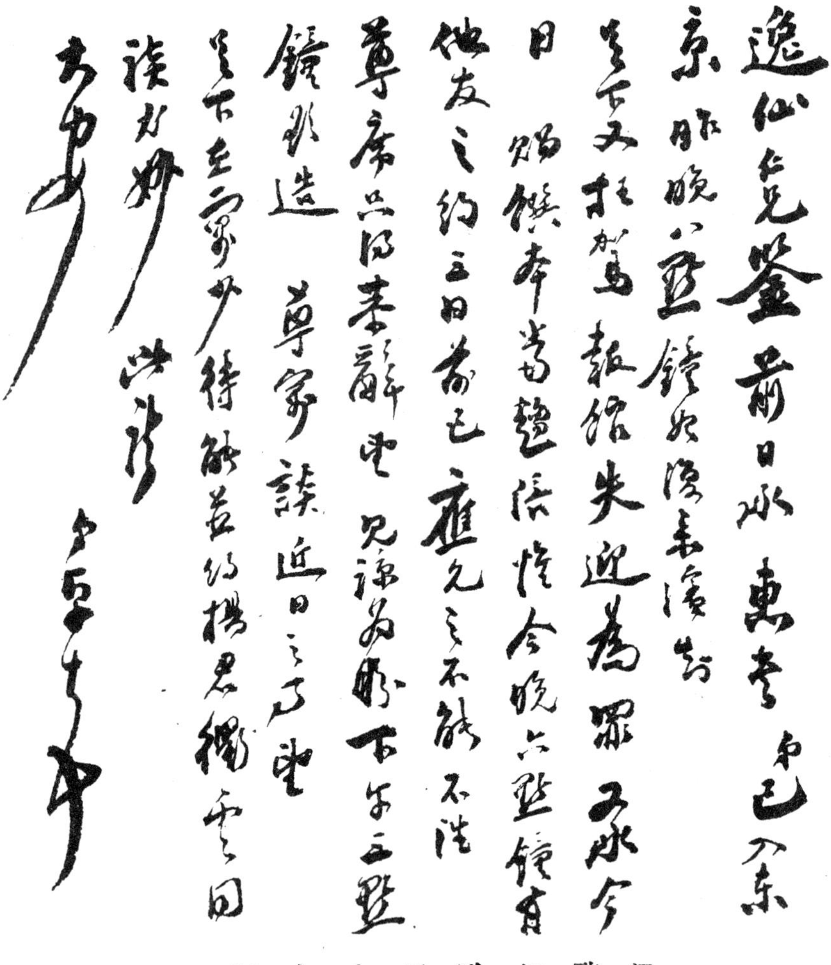

能並約楊君衢雲同談尤妙。此請大安。

弟卓如

梁啓超致孫中山函二

（其三）逸仙仁兄足下。弟於十二月三十一日抵檀。今已十日。此間同志大約皆已會見。李昌兄誠深沉可以共大事者。黃亮卓海何寬李祿

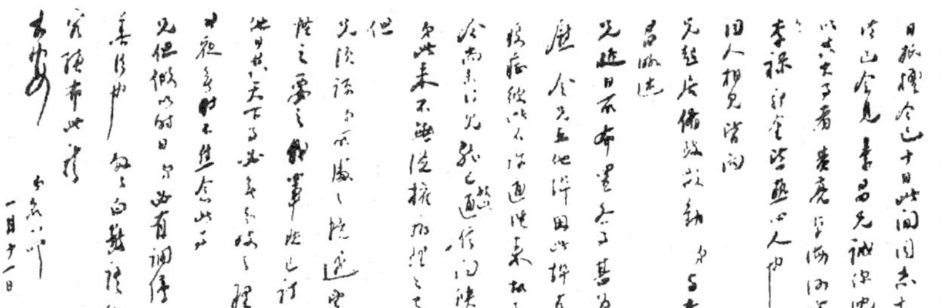

梁啓超致孫中山函三

鄭金皆熱心人也。同人相見皆問兄起居。備致殷勤。弟與李昌略述兄近日所布置各事。甚爲欣慰。今兄在他埠因此埠有疫症。彼此不許通往來。故至今尙未得見。然已彼此通信問候矣。弟此來不無從權辦理之事。但兄須諒弟所處之境遇。望勿怪之。要之我輩既已訂交。他日共天下事必無分岐之理。弟日夜無時不焦念此事。兄但假以時日。弟必有調停之善法也。匆匆白數語。餘容續布。此請大安。

弟名心印　一月十一日

檀島保皇會之成立　己亥十一月。梁啓超抵檀。持中山介紹書謁僑商李昌鄭金何寬卓海諸人。頗受歡迎。旋赴茂宜島。訪中山之兄德彰。德彰招待優渥。且令其子阿昌執弟子禮。隨梁赴日留學。梁居檀數月。漸以組織保皇會之說進。謂名爲保皇。實則革命。僑商不知其詐。多入轂中。捐助漢口起事軍餉逾華銀十萬元。中山聞之。謂梁失信背約。馳書責之。然已無及。自是檀島興中會員多爲保皇會所用。與橫濱興中會員如出一轍。

附錄當日梁啓超致孫眉函二通如下

（其一）孫眉仁兄同志閣下。拜別以來。忽經旬日。每念厚誼。未嘗或忘。近日北京事益急。各國西報日日揚言必當救皇上。廢西后。而唐山來書。預備既足。亦指日起事。此誠今日最大機會也。弟因現時外交之事甚要。欲急往美。本擬十號搭阿士梯耶前往。因太急。不能得船位。而昨日多力船來。接有香港新嘉坡兩電。皆催弟卽刻回唐。又別有一電催會項也。弟尙未定行止。然弟意究以往美爲要。因唐山事有弟不爲多。無弟不爲少。美國事則惟弟就近前往乃可也。故現時仍往美爲多。阿昌隨行之議既決。望閣下卽遣其趂日前來大埠。以便同往。弟約在二十號之船。必啓行矣。今日得接德初兄來書。內附閣下所惠隆儀五十元。謝謝。閣下前爲公事。既已如此出力。復多所餽贈。於弟誠不敢當也。本月四號大埠本會請酒。集者百三十餘人。道威値理數名皆到。是日共加捐六千餘金。今日鍾木賢黃亮又各加捐三千元。（四號之席兩位已各加捐千元）可謂踴躍之至。人心如此。大事何患不成。望告各同志卽將會款迅速收集。急需匯歸。以應急需。是所切盼。　弟啓超頓　七月七號　太夫人尊前望代弟請安。楊納兄譚允兄處望代傳覺問候。

一　函眉孫致超啓梁

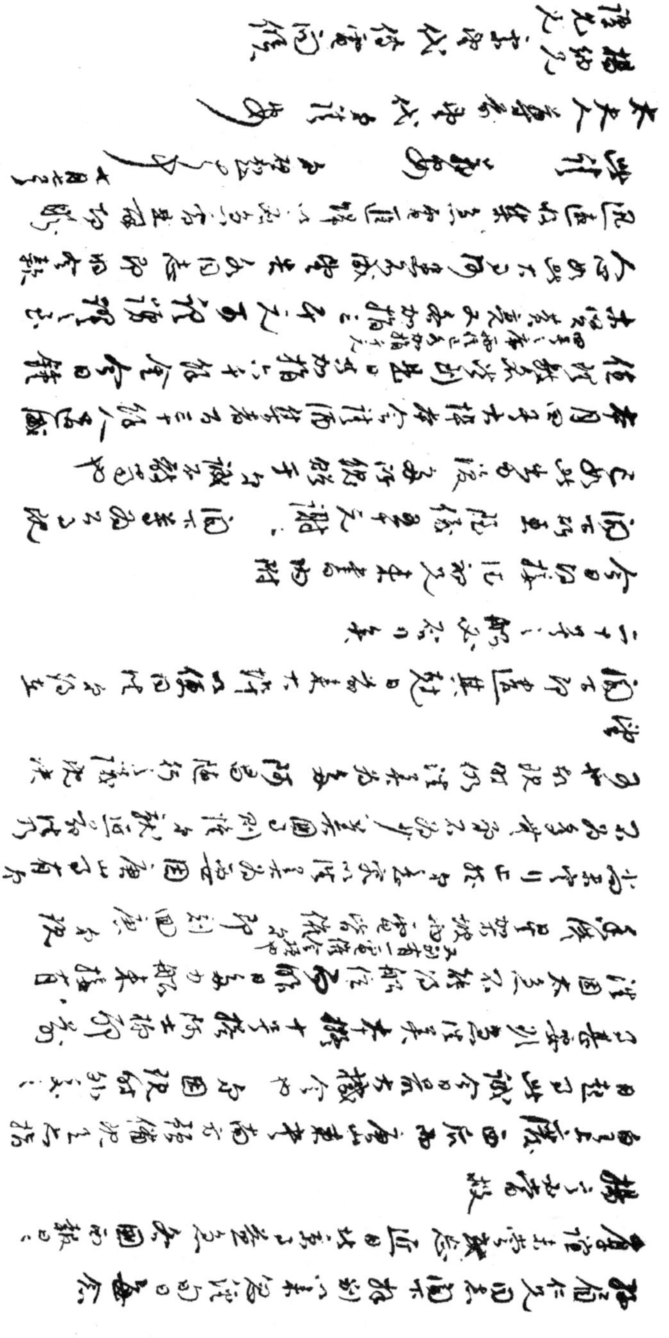

（其二）孫眉仁兄同志。阿昌到埠。得接手書。欣悉一切。弟本擬搭二十號之船往金山。乃於本日唐山金山船同時到埠。接有新嘉坡電文兩封。上海香港日本信函多件。皆催弟卽日歸國辦事。。不可少延貽誤。弟看此情形。必是起義在卽。有用着弟之處。再四籌度。不能不改而東歸。决於明日搭日本丸東返矣。弟此行歸去。必見逸仙。隨機應變。務求其合。不令其分。弟自問必能做到也。至弟旣東行。行蹤無定。所有阿昌相隨之義。似可作能論。蓋東方無甚可開見識之事。而阿昌現當就學之年。似仍當令其入書館。勝於東歸也。此子循良。弟甚愛之。望其勉學成就。他日共事之日正長也。至於令姪各同志捐項。仍望赶收趕滙。因唐山急催弟歸。其事機之急可知。其需款之急更可知矣。匆匆手此告別。卽頌義安。楊納譚允諸兄望打鋼線代弟問好告別。

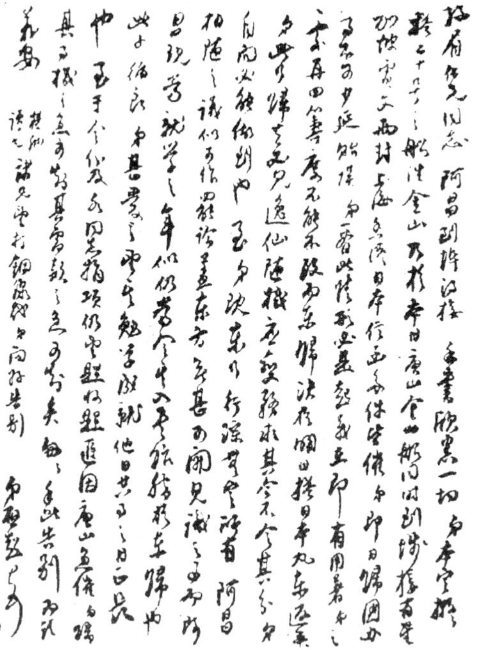

梁啓超致孫眉函二

弟啓超頓　七月十七日

巳本志士之入獄　庚子某月。日人宮崎寅藏語中山。謂彼於康有爲有恩。聞康近到新嘉坡。擬親往遊說。使其拋棄保皇主義。聯合革命。中山以爲不易。宮崎固請。乃許之。香港康徒聞宮崎曾赴粵謁李鴻章。遽電告康。謂宮崎奉李鴻章命來南洋行刺。請愼防。康以告新嘉坡英官。故宮崎至新埠二日。卽被警察逮之入獄。中山到自越南。聞其事。乃親訪英總督說明底蘊。始獲釋放。自是日本志士所唱道孫康合作之議。始廢然拋棄。而兩黨更無合作之望矣。

唐部對康梁之惡感　庚子漢口一役。唐才常與林圭秦鼎彝等均與中山有合作之約。雖以勤王爲號召。實則利用康有爲在海外籌款而已。故漢口大通旣先後蹉跌。秦鼎彝陳猶龍諸人以保皇會捐款用途不明。謂其阻誤義師。攻擊甚力。康梁師徒疑爲革命黨主使。銜恨益深。時梁啓超嘗有從此披髮入山之憤言。甲辰（清光緒三十年）中山二次遊美。舊金山保皇會竟嗾使美國海關譯員阻其登岸。卽含一種報復性質。

各地黨報之筆戰　自是以後。海外各埠革命黨與保皇黨之衝突。日益劇烈。東京政聞社之開幕。及徐勤在小呂宋與新嘉坡之演說會。均被革命黨員搗亂破壞。兩黨機關報之大開筆戰

○尤無時無地無之○茲就雙方筆戰之海外各埠兩黨機關報○表列其報名地點年代當事人姓名如下○

革命黨	地點	年代	當事人	保皇黨	地點	年代	當事人
中國報	香港	辛丑	陳少白 黃世仲 陳思仲	嶺海報	廣州	辛丑	胡顯鶚
中國報	香港	乙巳以後	馮自由 陳春生 朱執信	商報	香港	乙巳以後	徐勤 伍憲子
民生日報	檀香山	甲辰	程蔚南 張儒伯	新中國報	檀香山	甲辰	陳繼儼 梁文卿
大同報	舊金山	甲辰	唐瓊昌 劉成禺	文興報	舊金山	甲辰	梁朝杰 梁君可
民報	東京	丙午	章太炎 胡漢民 汪精衛 朱執信	新民叢報	橫濱	丙午	梁啓超
中興報	新嘉坡	丁未	田桐 周杜鵑 張紹軒 汪精衛	南洋總匯報	新嘉坡	丙午	徐勤 伍憲子

自由新報	檀香山	丁未以後	盧信 溫雄飛
華英報	雲高華	戊申	周天霖 崔通約
大漢報	雲高華	庚戌	馮自由
少年報	舊金山	庚戌	黃超五 黃芸蘇

新中國報	檀香山	丁未以後	陳繼儼 梁文卿
日新報	雲高華	戊申	何卓競 黃孔昭
日新報	雲高華	庚戌	梁文卿
世界報	舊金山	庚戌	梁朝杰 梁君可

第七章　東京留學界之革命潮

自動的革命思想　最初之出版物　勵志會與廣東獨立協會　學生會館與亡國紀念會　新年團拜之演說　拒俄義勇隊之成立　革命軍事學校之組織　革命書報之日盛　湘學生與華興會　陳天華議請立憲

自動的革命思想　留日學生之提倡革命。始於己亥庚子兩年。其時學生不滿百人。而主張根本改革之激烈論者。殆過半數。就中如戢翼翬（元丞）沈翔雲（虬齋）林圭秦鼎彝馮自由鄭貫一馮斯欒黎科傅慈祥蔡艮寅（松波）李炳寰田邦璿蔡忠浩吳祿貞吳念慈劉道仁鄭葆丞蔡成煜等數十人。莫不高唱排滿之說。康有爲門下如梁啓超韓文舉張智若歐榘甲梁子剛羅伯雅等。亦爲思潮感化。時在橫濱清議報吐露其反對異族之意見。致遭其師函電切責。於此可見當日留學界之趨勢矣。大抵其時留學生之革命思想。純然出於自動。絕非受何方面宣傳之影響。蓋人人皆心醉自由平等天賦人權之學說。各以盧騷福祿特爾華盛頓丹頓羅伯斯比諸偉人相期許。故庚子七月唐才常漢口之役。留學生參加其間者二十餘人。失敗之日。與唐同時殉難。是爲留學生爲國流血之始。

最初之出版物　己亥（清光緒二十五年）冬。留學界始發刊雜誌二種。一爲譯書彙編。江蘇人楊廷棟楊蔭杭雷奮等主持之。所譯西籍。如盧騷之民約論。孟德斯鳩之萬法精理。約翰穆勒之自由原論諸書。皆於青年思想之進步。至有關係。二爲開智錄。粵人馮自由鄭貫一馮斯欒等主持之。此報爲旬刊。在橫濱出版。專發揮自由平等之學說。於南洋美洲各埠頗爲風行。鄭貫一時任清議報編輯。因發刊是報。爲梁啓超所逐。留學生之出版物。此二報實爲先河。及庚子冬。沈翔雲戢翼翬秦力山楊廷棟楊蔭杭雷奮王寵惠等更發刊國民報於東京。鼓吹民族主義最早。篇末附以英文論說。由王寵惠任之。

勵志會與廣東獨立協會　留學界之有團體的組織。以勵志會爲最早。此會之目的在聯絡情感。策勵志節。對於國家別無政見。惟發刊譯書彙編及參加漢口發難諸人。多屬此會份子。故於革命運動。不無關係。廣東獨立協會爲粵籍留學生鄭貫一李自重馮斯欒王寵惠馮自由梁仲猷等所組織。成立於辛丑（清光緒二十七年）春間。主張廣東向清政府宣告獨立之說。留日華僑入會者頗不乏人。中山時居橫濱。贊助頗力。粵籍留學生與中山發生關係自此始。

學生會館與亡國紀念會　辛丑壬寅之間。各省留學生漸增至數千人。組織留學生會館於神田駿河台。開幕之日。吳祿貞演說。喻該會館爲美國費城之獨立廳。壬寅三月。章炳麟秦力山馮自由馬君武等發起支那亡國紀念會。被清公使蔡鈞要求日政府禁止開會。然屆期各省學生赴上野精養軒參加者。不絕於道。莫不廢然而返。未幾。吳敬恆奉粵督陶模命帶領速成師範生胡衍鴻等東渡。是年八月。留學界因反對取締學生事件。與蔡鈞大起衝突。吳敬恆在清使館抗爭最力。蔡乃請日政府以警察逐吳返國。吳被解時。憤然躍入城濠。賴日警援救。得不死。留學生因此事頗有歸國者。

新年團拜之演說　癸卯（清光緒二十九年）元旦。各省學生在駿河台留學生會館舉行新正團拜禮。到者千餘人。清公使蔡鈞亦到。時有廣西人馬君武湖北人劉成禺先後演說滿洲吞滅中國之歷史。主張非排除滿族專制。恢復漢人主權。不足以救中國。慷慨激昂。滿座鼓掌。滿宗室長福起而駁之。爲衆呵斥而止。事後劉成禺因此被開去成城學校學籍。不許入士官學校。長福由蔡鈞力保。得充橫濱領事。

拒俄義勇隊之成立　癸卯四月。留學界以俄人強佔東三省。發起拒俄義勇隊。旋改稱軍國民教育會。舉藍天蔚爲隊長。報名者逾千人。每日操演不懈。竟爲日政府禁止。衆推鈕永建湯槱二人回國。謁直督袁世凱。請其出兵拒俄。留學生願作前鋒。効死力。袁不納。且有不利於二代表之意。鈕等狼狽離天津。留學界聞之。大憤。咸痛恨滿政府之甘心賣國。主張更形激烈。

革命軍事學校之組織　癸卯秋間。中山自南洋抵日。適上海發生蘇報案事件。陳範陳擷芬黃中央等先後東渡。留學生馮自由劉成禺楊度馬君武胡毅生李自重黎勇錫伍嘉杰桂少偉盧少岐李錫青程家檉諸人。均往還京濱。絡繹不絕。一時橫濱山下町之孫寓。頓呈活氣。是年冬。李自重黎勇錫胡毅生等十四人組織軍事學校於青山附近。革命黨自設軍事學校。此為第一次。

革命書報之日盛　癸卯甲辰二年為留學界革命書報最盛時期。劉成禺初由陳少白介紹。識中山於橫濱永樂樓。後乃函約中山會談於東京竹枝園。並邀程家檉李書城時功玖程明超吳炳樅等相敍。未幾遂有湖北學生界之出版。發行至第四號而至。旋改名漢聲繼續出版。於是蘇人秦毓鎏張肇桐等發刊江蘇。浙人申江東蔣方震蔣尊簋等發刊浙江潮。湘人陳天華楊篤生梁煥彝樊錐等發刊遊學譯編及新湖南。此外出版物如猛回頭，警世鐘，國民必讀，最近政見之評決，漢幟，太平天國戰史，二十世紀之支那等等。繽紛並起。盛極一時。

湘學生與華興會　甲辰春。湘人黃軫劉揆一陳天華楊篤生等在東京發起華興會。爲湘省革命機關。湘省學生入會者。頗不乏人。旋又組織同仇會。爲聯絡會黨機關。黃劉陳楊等先後歸國。謀大舉。是年九月。以事洩失敗。再渡日本。十一月清廷令駐日公使楊樞密查學生組織同仇會內容。詳細報告。

陳天華議請立憲　乙巳（清光緒三十一年）春間。各國忽盛傳瓜分中國之說。學界中聞之極形恐慌。陳天華提議由留學生全體選派代表歸國。向北京政府請願。立即頒布立憲。以救危亡。陳本革命黨員。至是忽萌立憲之想。聞者咸以爲異。然陳此舉固別有用意。同志多諒解之。各省同鄉會均開會討論可否問題。反對者佔大多數。陳議遂爾打消。其後陳與宋教仁發刊二十世紀之支那雜誌。以排日言論過激爲日政府禁止。

第八章　庚子李鴻章之獨立運動

劉學詢之活動　香港總督之善意　兩廣獨立之失望

劉學詢之活動　庚子某月。中山在日本得劉學詢書。謂粵督李鴻章因北方拳亂。欲以粵省獨立。思得足下爲助。請速來粵協同進行。中山在乙未廣州一役。早與劉發生關係。時方經營惠州義師。頗不信李鴻章能具此魄力。然此舉設使有成。亦大局之福。故亦不妨一試。遂偕楊衢雲日人宮崎平山等乘法輪烟狄斯赴香港。抵港之日。粵吏已派安瀾兵輪來迎。邀中山及楊衢雲二人過船開會。中山得香港同志報告。知李督尙無決心。其幕僚且有設阱逮捕孫楊之計畫。故不欲冒險赴粵。僅派宮崎乘兵輪晋省。代表接洽一切。而己則轉乘法郵船赴法屬西貢。宮崎至廣州。寓劉學詢宅。與劉密談一夜。劉述李督意。謂各國聯軍未攻陷北京前。不便有所表示。囑宮崎向中山轉達。宮崎以時機未至。遂返香港。

香港總督之善意　先是香港議政局議員何啓以中國時局危急。粵省如不急圖自保。決不足以圖存。因向興中會員陳少白獻策。主張革命黨與粵督李鴻章聯合救國。由李首向北京政府宣告兩廣自主。而中山率黨員佐之。其進行方法。則先由中國維新黨人聯名致書香港總督卜氏。請其勸告李鴻章以兩廣獨立。李如同意。即由彼電邀中山回國組織新政府。此議經興中會員全體贊成。而事前已由何啓取得港督同意。遂由孫文楊衢雲鄭士良陳少白史堅如諸人署名致書港督。其文曰。

中國南方志士謹上書香港總督大人臺前。竊士等十數年來早慮滿政府庸懦失政。既害本國。延及友邦。倘仍安厥故常。呆守小節。禍恐靡既。用是不憚勞瘁。先事預籌。力謀變政。以杜後患。不期果有今日之禍。當此北方肇事。大局已搖。各省地方勢將糜爛。受其害者。不特華人也。天下安危。匹夫有責。先知先覺。義豈容辭。士等覩此時艱。亟思挽救。竊恐勢力微弱。奏效爲難。政府冥頑。轉圜不易。疆臣重吏。觀望依違。定亂蘇民。究將誰屬。深知貴國素敦友誼，保中爲心。且商務教堂。遍於內地。故士等不嫌越分。呈請助力。以襄厥成。願借殊勳。改造中國。則內無反側。外固邦交。受其利者。又不特華人已也。一害一利。相去如斯。望貴國其愼裁之。否則恐各省華人望治心切。過爲失望。勢將自謀。且禍變之來。殆難逆料。此固非士等所願。當亦非貴國之所願也。時不可失。合則有成。如謂滿政府雖失政於先。或補救於後。則請將其平素之積弊。及現在之兇頑。略爲陳之。朝廷要務決於滿臣。紊政弄權。惟以貴選。是謂任私人

○文武兩途○專以賄進○能員循吏○轉在下僚○是謂屈俊傑○失勢則媚○得勢則驕○面從心違○交鄰慣技○是謂尙詐術○較量強弱○恩可爲仇○朝得新懽○夕忘舊好○是謂瀆邦交○外和內狠○匿怨計嫌○釀禍伏機○屢思報復○是謂嫉外人○上下交征○縱情濫耗○民膏民血○叠剝應需○是謂虐民庶○鍛鍊黨罪○殺戮忠臣○杜絕新機○閉塞言路○是謂仇志士○嚴刑取供○獄多瘦斃○甯枉毋縱○多殺示威○是謂尙殘刑○此積弊也○至於現在之兇頑○此後尙無涯涘○而就現在之已見者○則如妖言惑衆○煽亂危邦○釀禍奸民○褒以忠義○是謂誨民變○東亂既起○不卽剿平○又借元兇○命爲前導○是爲挑邊釁○教異理同○傳道何罪○唆聳民庶○屠戮遠人○是謂仇教士○通商有約○保護宜周○乃種禍根○蕩其物業○是謂害洋商○睦鄰遣使○國體攸關○移礮環攻○如待強敵○是謂戕使命○書未絕交○使猶滯境○圍困使署○囚禁外臣○是謂背公法○平匪全交○乃爲至理○竟因忠諫○慘殺無辜○是謂戮忠臣○啓釁貪功○覬覦大位○不加誅伐○反授兵權○是謂用僨師○裂土瓜分○羣雄耽視○暗受調護○漠不知恩○是謂忘大德○民教失歡○原易排解○偏爲挑撥○遂啓禍端○是謂修小怨○凡此皆滿政府之的確罪狀○苟不反正○爲禍何極○我南人求治之忱○良爲此矣○士等深知今日爲中外安危之所關○滿漢存亡之所繫○是用

力陳利弊。曲慰同人。南省亂萌。藉茲稍綏。事宜借力。謀戒輕心。上國遠圖。或蒙取錄。茲謹擬平治章程六則呈覽。懇貴國轉商同志之國。極力贊成。除去禍根。聿昭新治。事無偏益。利溥不同。惟是局緊機危。時刻可慮。望早賜覆。以定人心。不勝翹企待命之至。

計開

一遷都於適中之地。

如南京漢口等處。擇而都之。以便辦理交涉及各省往來。

二於都內立一中央政府。以總其成。於各省立一自治政府。以資分理。

所謂中央政府者。舉民望所歸之人爲之首。統轄水陸各軍。宰理交涉事務。惟其主權仍在憲法權限之內。設立議會。由各省貢士若干名。以充議員。以駐京公使爲暫時顧問局員。所謂自治政府者。由中央政府選派駐省總督一人。以爲一省之首。設立省議會。由各縣貢士若干名。以爲議員。所有該省之一切政治征收正供。皆有全權自理。不受中央政府遙制。惟於年中所入之款。按額撥解中央政府。以爲清洋債。供軍餉。及宮中府中費用。省內之民兵隊及警察部。俱歸自治政府節制。以本省人爲本省官。然必由省議會內公舉。至於會內之代議士。本由民間選定。惟新定之始。法未大備。暫由自治政府擇之。俟至若干年。始歸民間選舉。以目前各國之總領事爲暫時顧問局員。

三公權利於天下

如關稅等類如有增改。必先與別國妥議而行。又如鐵路礦產船政工商各業。均宜分沾利權。教士旅店一體保護。

四增添文武官俸

內外各官廪祿從豐。自能廉潔持躬。公忠體國。其有及年致仕者。給以年俸。視在官之久暫。定恩額之多少。若爲國捐軀。則撫養其身後。

五平其政刑

大小訟務。仿歐美之法。立陪審人員。許律師代理。務爲平允。不以殘刑致死。不以拷打取供。

六變科舉爲專門之學

如文學科學律學等俱分門教授。學成之後。因材器使。毋雜毋濫。

書既上。復由何啓向港督代達一切。卜氏極表同情。因向李鴻章再三接洽。時清廷數電促李北上。與各國議和。李以北京未破。拳亂禍首勢焰正盛。遲遲未行。對卜氏提議。頗表示好感。斯時李果幡然變計。決心獨立。我國時局大有轉危爲安之望。

兩廣獨立之失望

未幾中山從南洋乘日輪佐渡丸返港。同行者有宮崎福本摩根諸人。抵港後。晤陳少白等。知李督因北京陷落。清帝母子出亡無恙。已決意北上。不再談據粵自主事。港督之意。欲扼之於香港。使與民黨合作。是日十一時約相會見。爲最後之勸告。倘彼能慨然應諾。則粵省可即宣告獨立。港督可以特許中山登岸。以便取道入粵。中山謂李以八十老翁。本無遠大思想。今既取道北上。未必因外人之勸告。而中止其行。及李與港督會談。果不出所料。蓋李先後聞劉學詢及港督之提議。未嘗無採納之意。惟其主見。以清帝后存亡爲斷。設使清帝后一旦遇難。乃可以藉口獨立。及聞出亡無恙。君臣之見猶存。始毅然北上。中山以李事完全失望。亦即赴日本。

第九章　正氣會及自立會

唐才常與兩黨　留學生之參加　正氣會之成立　自立會與國會

唐才常與兩黨　湖南瀏陽人唐才常號佛塵。少有改革之大志。與同邑譚嗣同長沙畢永年相

唐才常

善。戊戌（清光緒二十四年）前嘗佐湘撫陳寶箴辦時務學堂。聘上海時務報記者梁啓超任教授。八月政變。譚嗣同死之。時務學堂亦被解散。唐憤極。遂萌舉兵除奸之想。時畢永年已東渡日本。訂交于興中會首領孫中山。及日本志士宮崎寅藏平山周等。中山以畢熟悉湘鄂會黨情形。亦與深相結納。且派平山隨畢赴湘。聯絡哥老會各首領。出入湘省者凡三次。唐才常至日本時。由畢介紹謁中山。籌商長江各省與閩粵合作事。然唐東渡之目的。在於

會見康有爲梁啓超。有所計畫。時康梁師徒方在海外大倡保皇會。建議募款起兵勤王。其眼中之徐敬業。捨唐莫屬。而唐亦欲利用保皇會款爲起事之需。故不便與興中會積極合作。其間由畢永年平山周多方斡旋。始訂殊途同歸之約。然光復勤王兩名義固根本不能相容。終不能無鴻溝之見存焉。

留學生之參加　己亥（清光緒二十五年）　唐與梁啓超林圭秦鼎彝吳祿貞等決議在長江沿岸各省起兵。謀運動會黨及防軍。先襲取武漢爲根據地。林號述唐。湖南湘陰人。長沙時務學堂學生。居湘時。素以結納哥老會人物爲職志。因得訂交各頭目。己亥夏間赴日留學。肄業于東京牛込區東五軒町高等大同學校。同學者有湘人秦鼎彝（力山）蔡鍾浩蔡艮寅（松波）范源濂田邦璇李炳寰李羣陳爲璜唐才質粵人馮自由鄭貫一馮斯欒等二十餘人。日夕高談革命。留學界表同情者。有戢翼翬沈翔雲黎科傅慈祥吳祿貞劉伯剛吳念慈鄭葆晟蔡丞煜諸人。其時我國留日學生總數不過七八十人而已。唐既有志於湘鄂。以林與會黨素有關係。乃約林及秦蔡田李等回國大舉。復由林邀鄂人傅慈祥粵人黎科閩人鄭葆晟燕人蔡丞煜等相助。傅等欣然從之。出發之日。梁啓超沈翔雲戢翼翬等在紅葉館設筵祖餞。孫中山陳少白平山宮崎皆在座。各舉杯慶祝前途勝利。大有風蕭蕭兮易水寒之慨。林於行前。親詣中山請益。中山爲之介紹於漢口某俄國商行買辦興中會員容星橋。其後林在漢口大得容助。中山介紹之力也。

正氣會之成立　唐林至上海。初以日人田野橋次名義組織東文學社。陰則發起正氣會爲運動機關。唐手訂正氣會章程二十餘條。其序文曰。

四郊多壘。卿士之羞。天下興亡。匹夫有責。憂宗周之隕。爲將及焉。與四方之瞻。蹙靡聘矣。昔者魯連下士。蹈海而擯強秦。包胥纍臣。哭庭而存弱楚。蕞爾小國。尚挺英豪。詎以諸夏之大。人民之衆。神明之冑。禮樂之邦。文酣武嬉。蚩蚩無覩。方領矩步。奄奄欲絕。低首腥羶。自甘奴隸。將非江表王氣終於三百年乎。夫日月所照。莫不尊親。君臣之義。如何能廢。盤根所由別利器。板蕩始以識忠臣。是以甘陵黨部。范孟博志在澄清。宋室遺民。謝皐羽常聞痛哭。諸君子者。人懷偉抱。世篤忠貞。或功勛餘裔。飄纓天閣之家。或詩禮傳人。領袖清流之望。當此楚氛甚惡。越甲常鳴。詎知酣寢積薪之上。孤立巖牆之下。長蛇薦食。騎虎勢成。將軍何以得故寵。彼皆收用其私人。有粟豈得而食諸。無家何以爲歸矣。束手待斃。噬臍何及。所願咸捐故態。同登正覺。卓犖爲絕。發憤爲雄。一鼓作氣。喁然嚮風。上切不共戴天之仇。下存何以爲家之思。庶竭一手一足之能。冀收羣策羣力之效。國於天地。必有與立。非我種類。其心必異。毋誘於勢利。毋溺於奇衺。共圖實際。勿淪虛聲。俾中外繫其安危。朝野倚爲輕重。勿使新亭名士。寄感慨於山河。故宮舊臣、晞哀思於禾黍。幸甚幸甚。嗟乎。地有橫流之海。精衛思塡。石當缺陷之天。女媧能補。任重道遠。黽勉以至。霜鐘頻警。輟筆悵然。

文中有「非我種族其心必異」及「君臣之義如何能廢」之二語。實爲自相矛盾。唐以周旋革命保皇兩派之間。不得不兼籌並顧。爲敷衍之計。因是大招畢永年章太炎之反對。畢力勸唐斷絕康有爲關係。唐利保皇會資。堅不肯從。相與辯論一日夜。失望而去。未幾畢所招致赴香港之哥老會頭目李雲彪楊鴻鈞張堯卿辜天佑李堃師襄諸人。以保皇會多資。亦棄興中會而投唐。畢受種種刺激，乃憤投普陀削髮爲僧。自是遂不聞其踪跡。章於國會開會之後。亦以言不見納。憤然剪除辮髮。拂袖離滬。

容閎

自立會與國會　唐旋易會名爲自立會。稱其軍爲自立軍。繼以會名近於激烈。未易普遍。乃於六月間。以挽救時局爲辭。邀請滬上維新志士。開國會於張園。到者有容閎嚴復章太炎文廷式吳葆初葉浩吾宋恕沈藎張通典龍澤厚等數百人。公推香山人容閎爲會長。侯官嚴復爲副會長。唐爲總幹事。林圭沈藎狄葆元爲幹事。成立後。聲勢日盛。大招清吏之忌。同時日人田野發刊同文日報。鼓吹改革。不遺餘力。頗足爲唐等之助。林圭亦在漢口設軍事機關。慘憺經營。成效漸著。復仿照會黨頒發票布辦法。散放富有票。分地段以設旅館。爲會友往來寄宿之所。其在漢口者曰省賢公。襄陽曰慶賢公。沙市曰制賢公。岳州曰益賢公。長沙曰招賢公。刊布會章。號稱新造自立之國。其規條有不認滿洲爲國家等語。林並作一長函。託容星橋函約中山同時大舉。林遺書原文昔存民元北京稽勛局。曾由林兄某拍照多份分贈友人。今或存也。

第十章　庚子秦力山大通之役

起事之籌備　大通之佔領　自立軍之失敗

起事之籌備　秦鼎彝號力山。長沙人。己酉夏間東渡留學。翌年偕林述唐歸國。同任自立軍重要職務。因與安徽撫署衞隊管帶孫道毅友善。故願獨担任池州大通發難之責。由唐才常委充自立軍前軍統領。及至大通。賴孫管帶密助以軍械。籌備漸熟。水師營弁亦多受約束。又由皖省哥老會頭目符煥章在大通蕪湖太平裕溪和悅洲等處散放富有票。招人入會。大通居民附和者充塞於途。秦方與漢上機關部約期七月十五日並舉。詎唐才常以待海外匯款。展期數次。秦以長江沿岸戒嚴。未得軍報。仍進行不輟。至七月十三日。事爲大通保甲局委員許鼎霖所聞。立督局勇拿獲黨人七名。銅陵縣魏令更電皖撫王之春告警。王先派武衞副前營傅永貴督勇一哨。附江輪前往彈壓。繼聞鹽局被據。乃續派武衞楚軍及定安軍七八百人赴援。並令沿江各地戒嚴。

大通之佔領　秦見事洩。遂令黨人於十五日立即起事。並張貼安民告示如下。

中國自立會會長爲討賊勤王事。照得戊戌政變以來。權臣秉國。逆后當朝。禍變之生。

慘無天日。至己亥十二月念四日下立嗣僞詔。幾欲蔑棄祖制。大逞私謀。更有義和團以扶清滅洋爲名。賊臣載漪剛毅榮祿等陰助軍械。內圖篡弒。不得則公然與中立爲難。用敢廣集同志。大會江淮。以清君側。而謝萬國。傳檄遠近。咸使聞知。

（宗旨）一保全中國自立之權。 二請光緒帝復辟 三無論何人。凡係有心保全中國者。准其入會。 四會中人必當禍福相依。患難相救。且當一律以待會外良民。

（法律）一不准傷害人民生命財產。 二不准傷害西人生命財產。 三不准燒燬教堂。殺害教民。 四不准擾害通商租界。 五不准姦淫。 六不准酗酒逞兇。 七不准用毒械殘待仇敵。 八凡捉獲頑固舊黨。應照文明公法辦理。不得妄行殺戮。 九保全善良。革除苛政。共進文明。而成一新政府。

是時水師參將張某聞變。派炮划四艘。率兵渡江防堵。詎所部多與黨通。甫至岸。即與黨人聯合一氣。張參將竟投江而死。於是水師盡入秦掌握。隨以大砲轟督銷局。據之。局員錢綬甫逃。另有黨人蜂擁至貨厘局。釋放被逮者七名。駐大通防營管帶蕭鎮江守中立。

自立軍之失敗 王撫初派之傅管帶永貴見黨人勢盛。不敢渡江。旋復派省城防營管帶邱顯榮及蕪湖防營管帶李本欽。率兵會攻。仍未得利。被黨軍以大礮擊沉礮艇八艘。小火輪一艘。十七日蕪湖吳道續派衡字軍三營應援。清軍勢力頓加。秦揮兵搏鬥甚力。卒以兵少不敵。餘衆遁向九龍山一路而去。秦僅以身免。仍避地日本。後與沈翔雲等發刊國民報於東京。壬寅（清光緒二十八年）與章太炎馮自由諸人組織支那亡國紀念會。翌年自緬甸入雲南。欲運動滇邊土司刀沛生等起兵反清。丙午病死於滇。

第十一章　庚子唐才常漢口之役

起事之佈置　海外之匯欵　擁張獨立之破裂　漢口機關之失敗　沈藎新堤之失敗　湖南之黨獄　黨人之出險　保皇會之報告書　張之洞之奏摺

起事之佈置　唐才常林圭計畫分自立軍爲七軍。以大通爲前軍。秦力山統之。安慶爲後軍。田邦璿統之。常德爲左軍。陳猶龍統之。新堤爲右軍。沈藎統之。漢口爲中軍。林自統之。另置總會親軍及先鋒軍。唐則爲諸軍督辦。分途招募兵勇數十營。上游則界四川之宜昌。下游則界江西之武穴。南則界湘之荊州。北則界漢之襄陽隨州當陽應山麻城。中路則沔陽新隄沙洋嘉魚蒲圻崇陽監利皆其勢力所及。蓋自畢永年離鄂之後。哥老會各路頭目遂多受唐林部勒。林述唐於唐未至漢口之前。已與黎科戢元丞李炳寰蔡丞煜鄭葆丞等詳訂自立軍會章三段。顏曰自立軍現在之布置及其將來兵事。照錄如左。

（一）軍隊編制　一起發之初集兵二萬分七軍四十營　一置總會親軍十營　一置中左右前後五軍各五營　一置自立先鋒軍五營　一各軍統領由總會派營官由統領派哨弁哨長由

營官派　一各軍皆派統領一營統一營官准營數哨官准哨數　一以親軍統領爲總統節制各軍　一發起之始日卽出示加募健兒三十營三日成軍　一加募之兵置自立全軍營務處十營置自立全軍糧臺處衞隊五營總會所衞隊十營軍械所守兵五營　一起發之後卽選派自立各軍略湖南湖北江西等處循長江一帶　一將弁薪俸額數及兵丁餉額數須於起發之處擬定　一新募之兵卽用外國急用操法試練一俟鎗法嫺熟仍再募數十營隨時酌量策應各路

（二）條教文牘　一國會自立檄文自立淺語傳單簡明條例　一國會自立告示及簡明斗方告示　一招募告示及其規例　一佈告各國照會國書　一招納各省同志豪傑傳單　一安撫百姓告示　一國債股票　一各項委劄及略地劄　一扎飭保護租界教堂專劄　一扎飭略地各弁收各州縣地丁征册及各督銷稅局歷年簿據　一扎委權知各州縣事撫輯流散編練團軍

（三）行兵條理　一置兵吏司司功過置軍政司司賞罰　一議訂軍官功過賞罰條例兵丁功過賞罰簡明條例　一行軍禁約淺語牌示　一行軍賞罰淺語牌示

對外之文告　自立軍於六月間已合併於中國國會。以香山人容閎駐上海任外交事務。黎科駐漢口任租界交涉事務。由容閎起草英文對外宣言。大意如下。

中國自立會有鑒於端王榮祿剛毅等之頑固守舊。煽動義和團以敗國事也。決定不認滿洲政府有統治清國之權。將欲更始以謀人民之樂利。因以伸張樂利於全世界。端在復起光緒帝。立二十世紀最文明之政治模範。以立憲自由之政治權與之人民。藉以驅除排外篡奪之妄舉。惟此事須與各國聯絡。凡租界教堂以及外人。並教會中之生命財產等。均須力爲保護。毋或侵害。又望諸君於起事時切勿驚惶。別有軍令八條如左。

第一條　勿侵害國民之生命財產

第二條　勿侵害外人之生命財產

第三條　勿焚燬寺院勿驚動教堂

第四條　保護租界

第五條　嚴禁姦淫竊盜及一切不法行爲

第六條　待遇擒獲敵人。禁用慘酷非刑。須照文明交戰條規處治之。

第七條　對敵時用殘酷待遇及猛毒武器。均所不禁。

第八條　所有清國專制法律。建設文明政府後一概廢除。

海外之匯款　唐林等所發富有票。藉哥老會之力。散放於湘鄂皖贛各府州縣。爲數甚夥。勢力日漸澎漲。諸事粗定。惟軍資尙虞不足。各路待款發動。均派代表駐漢滬二處坐催。唐乃屢電海外。促康有爲梁啓超匯款接濟。僅由南洋邱菽園匯到若干。仍缺額甚鉅。以是黨人對康梁感情日惡。哥老會龍頭李雲彪楊鴻鈞等先離異。辜洪恩則發貴爲票。李和生則發回天票。各自爲謀。唐因是滯留上海。待款而行。

擁張獨立之破裂　時値北方拳亂變起。林圭認爲機不可失。促唐赴漢口謀速發難。唐至漢。以北方無政府爲辭。藉日本人爲通殷勤於鄂督張之洞。諷以自立軍將擁之挈兩湖宣布獨立。張猶疑莫決。然對於黨人之活動雖有所聞。未嘗予以發覺。似非全無好意者。唐設法促張自決多次。張無表示。唐以爲無望。乃揚言於外人曰。倘張之洞奉清廷之命以排外，吾必先殺之。以自任保護外人之事。張聞而恨之。是時唐已定期七月十五日各路同時大舉。以康梁匯款未至延期。秦力山在大通。因長江各口岸防範嚴密。未得展期軍報。及時起事。以後路不及響應。無援而潰。唐因經費不足。頻催海外保皇會款不來。於是數數展期。而二十五。而二十九。至二十七而事敗。

漢口機關之失敗　張之洞偵知唐等所爲與已絕反對。且將布告各國領事。據武昌獨立。決計先發制人。將黨人一網打盡。以絕禍根。適廿七日漢口泉隆巷某剃髮匠偵知同街唐姓形迹可疑。遽向都司陳士恆告變。陳跟蹤拿獲黨人四名。始悉黨人有大舉動。張之洞聞報。即照會租界各國領事。於廿八日清晨派兵圍搜英租界李順德堂。及寶順里自立軍機關部與輪船碼頭等處。先後逮捕唐林及李炳寰田邦璿瞿河清向聯陞王天曙傅慈祥黎科黃自福鄭葆晟蔡承煜李虎生及日本人甲斐靖等二十餘人。同時圍搜某俄國商店。擬捕其買辦容星橋。容喬裝工人而逃。戢元丞則避匿劉成禺家。賴姚錫光父子設法。得以出險。唐等被擒後。司道府縣在營務處會訊。唐供辭謂因中國時事日壞。故效日本覆幕舉動。以保皇上復權。今既敗露。有死而已。餘人羣呼速殺。廿八夜二更乃押至大朝街滋陽湖畔加害。一時延頸就戮者共十一人。尚有日本人甲斐則移交駐漢口日領事訊辦。自是張之洞乃大興黨獄。湖北殺人殆無虛日。特派護軍營二百人駐漢口鉄政局。形迹稍可疑者皆不免。約死百餘人。

黎科

傅慈祥

沈藎新堤之失敗　右軍統領沈藎。長沙人。担任在新堤發難之責。聞漢上以汪綬失事。亟率所部發難。湖北之崇陽監利。湖南之臨湘沅州湘潭等縣。紛起響應。時因中軍已失。人心渙散。師遂潰。黨人黃南陽李壽金曾廣文王昌年皆被執。死之。沈走武昌。旋復北走燕京。欲着手於中央活動。居二年。因在報上揭發清廷與俄人私訂密約　事爲李蓮英慶寬告密。清太后那拉命以非刑立斃杖下。中外譁然。時在丁未（清光緒三十三年）六月初八日。

湖南之黨獄　安徽人汪鎔幼從父宦遊湖南。自德據膠州。感於外患日亟。創設白話報於蕪北。以開通民智自任。及拳匪亂作。大局益危。聞唐林等將有事於湘鄂。乃銳意結合湘中會黨。以爲發難地。大會于定王臺。以製於經濟之缺乏。不能大有所設施。復赴漢約師期。時主南路軍事者爲清泉楊暨。主西路者爲武陵何來保。均亟亟謀響應。未幾漢口事洩。湘撫俞廉三承張之洞意旨。大興黨獄。全省騷然。先後被逮殉難者。有唐才中蔡鍾浩何來保方成祥徐德姚小琴李生芝汪楚珍李英徐崑陳保南易瑞林李廣順莫海樓仇長庚李如海沈竹亭李蓮航等百餘人。汪鎔之兄鑑以縣佐候缺長沙。熱中干進。乃告密於劣紳王先謙。凡與鎔有連者悉羅列無遺。先謙上之俞撫。乃緹騎四出。鎔方自漢歸。始知爲兄所賣。仰藥死之。其次兄璐下之獄。鑑敍功得保知縣。

黨人之出險　是役湘鄂黨人出險者。有陳猶龍朱漸溪龔超沈藎辜仁傑辜洪恩張堯卿楊鴻鈞師襄諸人。龔超逃至上海。復爲淸吏逮捕。以租界會審公廨認爲國事犯得釋。秦力山戢元丞陳猶龍朱漸溪等則亡命日本。是役康有爲假勤王名義向海外華僑募款。數逾百萬。僅電報一項耗費逾十萬元。而唐才常林圭竟以經費不足。遷延失事。因此秦力山陳桃癡等至日本。卽向梁啓超大開交涉。要求算賬。梁憤而有披髮入山之宣言。保皇會自此信用漸失。不復再談起兵勤王事。未幾易名帝國憲政會。

保皇會之報告書　保皇會向海外華僑募款函件。無遠弗屆。茲擇錄庚子六月六日康有爲致各埠公函一通如下。

各埠保皇會列位同志義兄公鑒。前致函臚列近情。並託三事。一曰有款卽用電匯而勿匯寄。一曰已捐者加捐。一曰廣聯同志。三者皆今日最急切而不可一刻緩待之要務。想經大覽。誠以大舉在卽。萬事交迫。餉械二事。尤爲浩繁。無餉不可以用人。無械不足以應敵。百函百電。日來催迫。旣已嘆大局之危亡。又深恐機緣之先喪。徘徊終夕。首疾爲加。惟諸君慷慨憂國。義憤塡膺。痛此時艱。種族不續。必能相應以成大舉。明知諸君高義彌地塞天。屢電屢函。自形煩數。而以中國黃種之故。用敢流涕爲四萬萬同胞乞餉也。邱君菽園再捐十萬。共二十萬。毀家紓難。高誼可風。今請伸明前義。務祈加捐。所捐有得。務祈卽時電匯。軍務倥偬之時。彌東補西之苦。諸君諒之而勉助焉。所有近情。列於下幅。

一僞政府始以庇拳匪爲得計。內謀篡弒。外戕西人。聲勢洶湧。一朝而橫行津沽。及至今日。拳匪勢日張。黨日衆。盤踞日固。僞府諸賊雖欲勦辦。已養虎自爲患矣。日來所出之僞諭。文句鄙俚。胆氣震懾。不稱團匪。而稱團民。不成國體。此自取覆亡之道。所謂天奪其魄也。

一各省督撫不奉僞諭。截糧備餉。自固疆圉。僞政府無如之何。而粤督李鴻章江督劉坤一抗拒尤甚。僞政府之傾。不待言矣。

一僞府既倒。新黨已於上海設立國會。預開新政府。爲南方立國基礎。將來迎上南遷。先布告各國。保護西人洋行教堂等事。義軍一起。卽與各國訂約通商。復我維新之治。

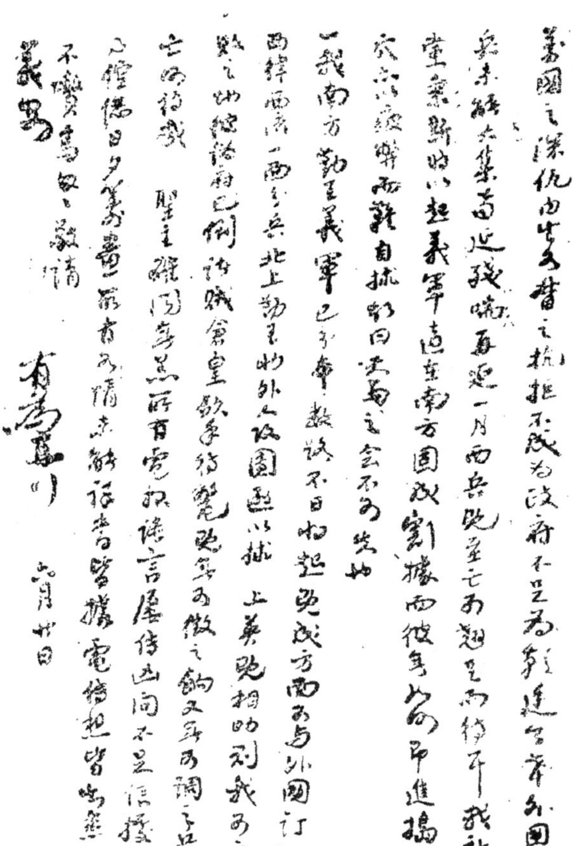

康有爲報告書

一此次諸賊之結拳匪。此殆天亡之。以與我新黨者。何以言之。僞府諸賊盤踞北京。根深蒂固。擁兵甚衆。天下無事。金甌未缺。我一旦起而與之相抗。雖有名義之正。聞者風從。彼僞賊獲罪于天。必不久全。然耗力竭智。亦需時日。乃足破之。今則天奪其魄。鬼焚其穴。結匪自踣。激外自殺。始以彼以逸待我之勞。彼以整待我之亂。今也我以逸待彼之勞。我以整待彼之亂。卽論兵法。已無可勝。外結萬國之深仇。內生各督之抗拒。不成爲政府。不足爲朝廷。今幸外國之兵未能大集。苟延殘喘。再延一月。西兵旣至。亡可翹足而待耳。我新黨乘斯時以起義軍。遠在南方。固成割據。而彼無如何。卽進搗賊穴。亦以疲弊而難自救。故曰天與之會。不可失也。

一我南方勤王義勇已分布數路。不日將起。旣成方面。可與外國訂約。行西律西法。一面分兵北上勤王。助外人攻團匪以救上。英旣相助。則我可立不敗之地。彼僞匪已倒。諸賊倉皇。斂手待斃。旣無可徵之餉。又無可調之兵。不亡何待哉。聖主確聞無恙。所有電報謠言屢傳凶問。不足信據。軍事倥傯。日夕籌畫。所有各情。未能詳書。皆據電傳。想皆知悉。故不贅焉。匆匆敬請義安。　有爲再上六月廿日

張之洞之奏摺　附錄鄂督張之洞向清廷奏報嚴辦兩湖會黨摺如下。

奏爲康黨謀逆。創設自立會。勾結長江兩湖會黨。同時作亂。先期破獲擒誅渠魁。現派營四路勦捕。飭令繳票解散。恭摺馳奏。仰祈聖鑒事。竊查自北方開戰以來。各省黨徒咸思蠢動。臣等欽遵諭旨。保守疆土。欲防外侮。必須先清內黨。當卽增募營勇分路籌

防。七月初間。湖北巴東長樂等縣。果有會黨糾衆豎旗起事。正在派兵勦辦。旋聞安徽大通已有大股會黨突起焚刼。其勢甚熾。湖北沔陽州之新堤。蒲圻縣之羊樓峒。湖南臨湘縣之灘頭。均有會黨接踵而起。民間大爲驚擾。荆州之沙市。以及嘉魚麻城等縣。均有會黨謀亂情事。各黨聚衆點名。打造刀械。造製號衣。儲備米糧。一似錢財甚爲充裕者。並聞有私運外洋軍火之說。當經遴派員弁營勇分路密查勦捕。以武穴向爲下游門戶會黨之藪。並派營勇兵輪前赴該處查拿防遏。同時各省拿獲各黨。皆係領有富有票。此票乃仿照哥老會散放票布之辦法。其票係上海洋紙石印。寫刻篆印。皆極精工。上橫書富有二字。直書憑票發足典錢一串。文前有編號。後有年月。背有暗口號圖章二顆。用在湖北者。又鈐楚字圖章。其命名蓋暗寓富有四海之意。實屬悖妄已極。凡領票者均係勾串一氣。互爲聲援。據黨首散票者告人云。持有此票。即可向該黨首處領錢一千文。以後乘坐太古怡和輪船。不索船價。並云中國即將大亂。以後持票即可保家。以故各省黨首趨之若鶩。旋經查出。此乃大逆康有爲一人主使。調度其夥黨。分布各省。展轉煽惑。其巢穴即在上海。於租界內設有國會。入會者亦不盡康黨。沿江沿海各省皆有國會分會。而分會中以漢口之分會爲最大。因武漢當南北適中之地。居長江之上游。而兩湖會黨又最多。故先於武漢舉事。其會名曰自立會。其軍名曰自立軍。勾煽三江兩湖等處哥老會黨。糾衆謀逆。定期七月二十九日。武昌漢口漢陽三處同時起事。約定新隄蒲圻之黨。速起大股前來接應。岳州沙市之黨遙爲聲援。先於二十七日訪有端倪。密飭員弁在漢口地方李愼德堂及寶順里內拿獲兩湖分會總黨首唐才常黨首林圭李虎生等三十餘名。唐才常係督辦南部各省總會。又督辦南部各省軍務處。林圭係統帶國會中軍。李虎生係總窩戶。當時在唐才常寓所起獲軍械火藥僞黨僞札僞示及富有票多張。又入會各黨姓名簿。又購買洋槍刀械。用款雇募奸細。分往各城各營各局充當內應。月支薪水用款。招募僞黨。自稱發餉用款各項帳簿。又各省逆黨往來黨信。又洋文自立會辦事規條。皆在唐才常屋內搜獲。並同時在漢口漢陽獲拿同夥謀逆之哥老會黨首瞿河清向聯陞等。發交營務處司道武昌府江夏縣公同審訊。該等供認開設自立會。勾結哥老會。散放富有票。同夥謀逆不諱。當卽將該黨首唐才常等二十名正法示儆。旋在嘉魚獲拿逆黨蔣幗才。搜獲富有票黃旗。及各號名單。及正副會長康梁僞諭。暨供出各黨姓名。續據湖南獲拿會黨頭李英譚翥等供稱。康有爲在上海開富有山。正龍頭係康有爲唐才常梁啓超李金彪楊鴻鈞師馬炳等。唐才常派爲上海總糧臺。聽說康有爲孫汶派人會合大刀會。孫汶已到山東。此事是康有爲爲總。康有爲以唐才常爲總。唐才常以辜仁傑辜鴻恩師馬炳郎師襄爲總。湘省聞拿自盡之汪鎔。派爲長沙總糧臺。各糧臺之錢均是康有爲接濟等語。查蔣槶才單內係康有爲爲正龍頭。梁啓超爲副龍頭。並據唐才常供上海國會總會頭目係廣東人容榮。此外各處所獲哥老會黨供詞。供出康有爲唐才常爲首者。不計其數。查獲逆信僞札及各黨供。尚有沈克誠陳讜林杰郎邦威容榮李松芝蔡鍾浩汪楚珍張堯卿戴保廷均爲謀據兩湖之大頭目。秦俊傑即秦立三。又名秦鄉。即大通滋事黨首。復經密札密咨鄂省各省查拿。並照會各國領事在案。並准大學士直隸總督臣李鴻章咨湖南巡撫臣俞廉三咨。查出訊出康有爲唐才常容榮等勾黨作亂。私運外洋軍火情形。大略相同。暨准兩江總督臣劉坤一安徽巡撫臣王之春咨。富有票黨擾亂長江。派兵勦捕。起獲僞票僞示。私運軍火各情形。與鄂省所查。皆相符合。查此項自立會黨唐才常。以康逆死黨窟穴上海。設立總會。自爲總糧臺。往來沿江沿海各處。廣散銀錢。賄誘會黨。計謀凶狡。黨夥紛繁。其亂黨往來書信。大旨因北方有警。乘此煽動沿江沿海各省各種會黨。同時作亂。其同謀勾結之人。各省皆有。其購械募黨之款。查簿內存款計洋銀一萬五千餘元。用去已將及萬元。聞康有爲詐騙斂集之款。共有洋銀六十萬元。安排以二十萬元用之長江。所散放之富有票。就兩湖地方查出供出者。已有兩萬餘張。事發後兩三日。尚有人向李愼德堂投遞黨逆信。經稅務司郵政局拿獲數起。其僞札有曰指定東南各行省爲新造自立之國。其華洋文規條。內有曰不認滿洲爲國家。其僞印文曰中國國會分會駐漢之印。又曰中國國會督辦南部各省總會之關防。又曰中國國會督辦南　各路軍務之關防。又曰統帶中國國會自立軍中左右前後等營各關防。其逆信內有言以湖北爲中軍。以安徽爲前軍。以湖南爲後軍。其唐才常身邊小篋內。搜出僞號令告示稿。有曰焚燬各衙署。佔奪槍炮廠。刼掠局庫。佔踞城池。焚燬三日。封刀安民。派將固守。再籌征進。其逆信有曰沿途亦可刼掠。其開用僞關防札文。內有曰業經報明滬會。篆刻關防一顆。內刻中國國會督辦南部各省總會字樣。於庚子年七月初八日開用等語。唐才常等到案一一供認不諱。至其造言揑誣。狂吠詆毁兩宮。悖逆兇悍。筆不忍書。令人髮指。該會黨等以自立爲名號。以焚戮刼掠爲條規。以富有票爲引誘。以哥老會紅教會及各省各種會黨爲羽翼。意欲使天下人心同時搖動。天下民生同時糜爛。實爲兇毒已極。又查僞札有云本國會深懍危亡等語。實屬狡詐譫妄。黨首倡爲國會。造此詭辭。冀以誑誘躁妄之文士。鼓動無知之愚民。尤爲可惡。惟目前時事雖艱。上下同心。力圖振作。尚可勉籌補救之方。

若該會黨各省蠢起。外人乘之。則中國眞將有危亡之勢矣。今該黨既已自稱爲新造之國。公然自立。不認國家。是明言不爲我皇上之臣子矣。乃尙敢託保國之名。以逞其亂國之謀。不獨中國忠義臣民不受其欺。凡各國明理曉事之人。恐亦不受其欺也。近日鄂湘江皖各省滋事之黨。查其逆信票據供詞。皆係自立會黨之黨。皆係領富有票之人。其合夥約期。濟械助費。分據地方。安排接應。均經查有實據。查李愼德堂前門在英租界之內。當日查拿各黨之時。係由英領事簽字。派巡捕協同往拿。當場跟同起獲各種謀逆作亂器械憑據。華洋人等衆目共睹。因此各國領事皆深知此輩實係與哥老會合夥。必應查拿。以免擾害地方。除湖北湖南兩省隨時密查嚴拿外。此外沿江沿海各省皆有分拿。其往來於上海者尤多。應由各省自行查拿。已將先後迭次查出供出緊要各黨首姓名籍貫陸續開單分咨各省。一體嚴密懸賞查拿。務獲懲辦。以懲亂逆。而安大局。至唐才常供出同謀之人甚多。凡係查無實據者。概不株連。其軍民人等誤有富有票者。准其向官司營局團紳首士繳票銷燬。即免追究。予以自新。若觀望藏匿不繳者。查獲黨票。定行重辦。自漢口黨首伏誅後。各路黨徒聞之震慴奪氣。惟富有票放出太多。其悍黨徒首尙多漏網。現已訪知仍復潛蹤往來上海長江一帶。別設狡謀。力圖糾衆報復。沙市岳州常德礮州一帶黨徒尙在煽惑窺視。新堤之黨竄擾湖南之臨湘巴陵監利朱河等處。其監利沙漭𪊲城嘉魚榮陽巴東長壽之黨。仍飭各營分投搜勦解散。其襄陽棗陽隨州應山等處界連豫邊。素多刀會。豫省年來旱荒。飢民頗衆。亦隨有會黨開堂放票者。自七月以來。藉鬧教爲名。嘯聚焚刼。勾結自立會黨滋事。復有某黨首潛往孝感應山河南信陽州一帶謀刼北上諸軍軍火。並煽誘河南飢民來漢滋事。現又訊出有黨目潛往襄樊一帶煽動刀黨。已添募馬步各營。沿邊防遏。入境卽擊。八月內四川巫山縣有黨千餘人滋事。亦經派營會合川軍相機勦捕。臣等伏查康逆近年遁逃海外。布散邪說。又思煽動奸人。擾亂中國。以逞其報復之志。茲因各國遘禍。中國兵威不振。以爲有機可乘。遂敢遣其黨羽分布沿江沿海各省。勾黨作亂。而湖北尤爲該黨注意所在。値此時局危急。一經煽動。立卽四路響應。兩月來武漢商民惶擾遷徙。一夕數驚。幸仰賴朝廷威福。先期破獲。擒誅渠魁巨黨多名。各處聚集援應之黨。先後擊散。陸續擒斬黨目數十人。目前人心粗定。惟有仍一面督飭各軍各州各縣嚴防密拿。解散脅從。一面照會各國領事。布其逆亂罪狀。囑其轉告外部。勿爲所惑。目前據各領事言。從前謂康梁爲志士。今已知康梁爲黨徒。各國斷不幫助庇護。此實由該逆等稔惡窮兇。天討其魄。爲悖亂盜賊之事。布悖亂盜賊之言

○奸謀逆蹟。盡行敗露。從此爲各國所屏棄。誅殛之期。當不遠矣。惟有湖北數月以來○自北方有警。長江人心惶惑。各黨四起。陸續增募營勇數十營。上游則界川之宜昌。下游則界江西之武穴。南則界湘之湘州。北則界漢之襄陽隨州棗陽應山麻城。中路則沔陽新堤沙萍嘉魚蒲圻崇陽監利皆爲會黨出沒之所。皆須派營住守。隨時相機勦捕。並派營前赴湘南之岳州。河南之信陽州。越境勦捕巡防。以固藩籬。各屬請兵請械。應接不暇。羅掘多方。增兵旣多。增餉尤鉅。種種艱難急迫。晝夜不遑。惟有竭力鎭撫。相機籌辦。隨時與湖南撫臣兩江江西安徽督撫臣互相知會。合力辦理。以維大局。至此次查獲擒獲自立會黨渠魁。旣分路防勦捕獲領放富有票逆黨首要各員弁。發奸弭亂。沿江沿海各省得以周知爲備。似尙有裨大局。合無仰懇天恩。俯准臣等查明奏請優褒。以示鼓勵。出自鴻慈。所有擒誅自立會黨總頭目查拿各黨目分路勦捕沿江沿邊會黨各情形。臣等謹合詞繕摺馳奏。伏祈皇太后皇上聖鑒。謹奏。

第十二章　庚子惠州之役

發動之籌備　中山入惠之被阻　三洲田之根據地　第一次之大捷
新安虎門之停頓　第二次之大捷　博羅之響應　第三次之大捷
第四次之大捷　運械計畫之頓挫　革命軍之解散　清吏之奏摺
楊衢雲之被害

發動之籌備　與中會在惠州起事之計畫。在已亥庚子間已漸告成熟。楊衢雲鄭士良等在香港佈置既竣。而駐三洲田新安博羅等處之健兒。咸靜極思動。急欲一顯身手。楊衢雲乃於庚子（清光緒二十六年）三月廿七日乘阿波丸赴日本。與中山商議大舉。適是時拳匪事起。全國震動。中山認爲時機可乘。遂於五月中旬。偕楊及日人宮崎寅藏平山周福本誠原口聞一遠籐隆夫山下稻伊東正基大崎伊籐岩崎等十餘人。乘法輪烟狄斯至香港。廿一日在船旁一小舟開軍事會議。列席有孫楊及陳少白謝讚泰鄭士良史堅如鄧蔭南宮崎平山諸人。議定由鄭士良督率黃福黃耀廷黃江喜等赴惠州。準備發動。史堅如鄧蔭南赴廣州。組織起事及暗殺機關。以資策應。

庚子時代之孫中山

楊衢雲陳少白李紀堂在港担任接濟餉械事務。日本諸同志則留港助楊陳李等辦事。自偕英人摩根乘原船赴越南西貢。宮崎則以運動孫康兩派合作往新加坡。竟被康徒控諸英警廳。謂其欲謀行刺康有爲。以是被逮下獄。中山在西貢聞耗。即赴新加坡爲之營救省釋。事畢。同乘佐渡丸返港。

中山入惠之被阻　中山擬至香港。即偕日本志士入內地。親率鄭士良等發動。詎香港政府因新加坡宮崎事件。預派水警監視。不得登陸。六月廿一日中山召集中日同志在舟中開軍事會議。將惠州發難之責委之鄭士良。而以遠籐爲參謀。平山福本則助理民政事務。自折回日本。轉渡台灣。擬俟義師達相當地點。即由台灣設法潛渡內地。蓋是時台灣總督兒玉源太郎因中國已陷於無政府狀態。頗贊成中國革命。曾令民政長官後籐新平與中山接洽。許以起事之後。設法相助，故中山令鄭士良相機發動。並改原定計畫。不直逼廣州。而先佔領沿海一帶地點。俟中山來。乃大舉進取。

三洲田之根據地　惠州歸善縣屬之三洲田稔山等處。向為會黨嘯聚之區。鄭士良奉命運動起事。即以其地為根據。時有健兒六百人。而洋槍僅三百桿。子彈各三十發。雖由附近清軍防營密購鎗械若干。但仍不敷所用。中山至香港時。因上陸計畫失敗。故傳令鄭暫勿發動。以待後命。鄭及黃福等靜候數月。糧食漸缺。乃令所部分居附近鄉村。僅以八十人留守大寨。因恐風聲外洩。凡近鄉樵牧入山寨者。皆拘留之。不許外出。以是謠言大起。紛傳內有亂黨數萬人揭竿起事。庚子閏八月上旬。粵督德壽據各方警報。乃令水師提督何長清抽撥新舊靖勇及虎門防軍四千餘人。於初十日進駐深洲。陸路提督鄧萬林率惠州防軍塡紮淡水鎮隆。以塞三洲田之出路。何鄧聞黨軍勢大。不敢深入。鄭士良以戰機日迫。電台灣求中山速予接濟。中山初覆電。謂籌備未竣。令暫解散。然革命軍諸將領皆以為敵軍不足慮。乃續電中山。謂當率兵向沿海岸東上。仍請設法趕速接濟。

第一次之大捷　中山第一次覆電未達三洲田司令部。而清將何長清已移前隊二百人駐新安縣屬之沙灣。哨騎及於黃岡。將進窺三洲田。革命軍思坐以待敵之不利。乃於是月十五晚。

由統將黃福率敢死士八十人襲清軍於沙灣。陣斬四十人。奪洋鎗四十桿。彈藥數箱。生擒三十餘人。皆令剪辮服役。清軍不知敵軍多寡。皆駭潰奔還。革命軍軍威爲之大振。

新安虎門之停頓　同時新安及虎門同志黃江喜等亦集合數千人。專候三洲田大軍之至。以共薄新安城。詎革命軍克沙灣後。方待天明乘勝進取。而鄭士良適自香港帶中山復電以至。乃集衆橫岡。改變軍令。取道東北。以向廈門。於是新安虎門之軍遂不及會合。而其勢一渙焉。

第二次之大捷　清軍既失利。何長清仍控衆三千。陣於淡水之上。革命軍擬向鎮隆前進。而清將鄧萬林率兵千餘堵截要道。革軍人數僅六百。諳軍事者不及半數。乃於平山龍岡間號召得千餘人。廿二日趨鎮隆。清兵已出佛子坳。扼險而陣。革軍令軍中無洋鎗者皆執戈矛在前。持鎗者分左右兩翼。乘敵軍不備。匍匐上山。薄壘大呼。敵復驚潰。殺傷甚衆。是役生擒歸善縣丞兼管帶杜鳳梧。及敵兵數十人。殺守備嚴某。奪洋鎗七百餘桿。彈五萬發。馬十二頭。旗幟袍褂翎頂等物不計其數。是夜革軍宿營於鎮隆。

博羅之響應　是時梁慕光江維善等亦率駐博羅附近之革軍別動隊。紛紛響應。廿一二等日聚衆千餘人。圍攻博羅縣城。另以一小隊進撲惠州府城。惠州知府沈傳義預將博羅至惠州之浮橋截斷。以防偷渡。並募土勇二百名。極力守禦。粤督先後檄調提督馬維騏劉邦盛總兵黃金福鄭潤琦都司吳祥達莫善積等。各率所部馳往救援。迭在府城外白芒花平潭等處。與革軍接戰。互有勝負。革軍以衆寡不敵。遂分作多股。退駐鄉村間。城圍始解。自是清軍乃得注全力於三洲田之革命軍。

第三次之大捷　革軍大隊以新安博羅兩路均未得手。而清將劉邦盛馬維騏莫善積諸軍雲集。有衆萬餘。聲勢甚盛。乃計非出奇制勝不可。率隊望永湖而進。途中歷二三小戰。所向披靡。一路秋毫無犯。各處鄉民皆燃爆竹迎送。羣以酒食慰勞。各地同志來投者數千人。兵數大增。廿四日自永湖出發。未數里。卽遇自淡水退回及惠州派來之清軍大隊。約五六千人。革軍僅有洋鎗千餘。率先進攻。戰數時。清軍大敗。向惠州城淡水白芒花等處四散逃竄。鄧萬林中鎗墮馬。復逸。奪洋鎗五六百桿。彈數萬發。馬三十餘頭。生擒敵兵數百人。皆令去髮。是晚革軍派兵躡敵至白芒花。不見清軍蹤衆隻影。乃收兵回。

第四次之大捷　廿六日。革命軍至崩岡墟。見隔河敵軍膺至。數約七千人。乃據高地以爲守。布陣接戰。入夜出小隊以襲敵。清軍稍却。次晨遂壓敵以爲陣。苦戰數時。清軍大潰。因彈藥不繼。未便窮追。是日進至黃沙洋。獲鄉民之爲清軍間牒者殺之。廿八日至三多祝。

四鄉同志來投者日益衆。前後二萬有餘。乃編列隊伍。厚集糧餉。以備三多祝至梅林間五日之程。是晚宿營於白沙。

運械計劃之頓挫　中山時在台灣。以革命軍連戰俱捷。乃致電宮崎。令將前向菲律賓獨立軍代表彭西Ponce預商借用之械。速送惠州沿海岸接濟。一面向台灣總督兒玉接洽。請其協助武器。詎日人中村彌六棍騙菲島軍械案竟因是敗露。而日本政府適於此時更換內閣。新首相伊藤博文對中國之外交政策。與前大異。禁止台灣總督。不許協助中國革命黨。又禁止武器出口。及不許日本武官投效革命軍。因是中山潛渡內地及接濟武器之計畫。完全失敗。乃派日本志士山田良政偕同志數人。從香港經海豐而達革命軍大營。傳令鄭士良等。謂政情忽變。外援難期。即至廈門。亦無所得。軍中之事。請司令自決進止云云。山田後以歸途失路。為清兵所害。

革命軍之解散　革軍在白沙得中山傳令。全軍二萬人皆慷慨激昂。呼聲振野。乃開軍事會議。解決進止。僉以廈門一路既不能行。不如沿海岸退出。渡海再返三洲田大寨。設法自香港購取彈藥。復會合新安虎門同志。以攻廣州。議定後。乃解散附從之同志。留洋鎗手千餘人。分水陸兩路回三洲田。時三洲田尚未入敵手。清將何長清已移駐深圳之軍於橫岡。衆乃謀襲橫岡以擒之。然軍中餉彈兩乏。卒致解體。鄭士良黃福黃耀廷諸人先後抵香港。旋避地海外。計是役將領陣亡者僅四人。所耗軍費。除中山直接支付及撥給李紀堂二萬元分司度支外。餘額多由李解囊捐助云。

清吏之奏摺　附錄清粵督德壽奏報惠州革命黨起事摺如下。

竊照惠州會匪肆擾。欽奉電旨垂詢。經奴才將康孫各逆勾結土匪起事。及咨飭水陸各軍勦辦情形。於閏八月十八日先行電奏。茲將該土匪勾結起事。及調營勦辦詳細情形。謹縷晰陳之。本年閏八月初間。奴才訪聞歸善縣屬三洲田地方。有孫康逆黨勾結土匪起事。並在外洋私運軍火至隱僻海汊。轉入內地。當以逆黨主謀。意圖大舉。實非尋常土匪可比。且查三洲田地方。山深林密。路徑紆迴。南抵新安。緊逼九龍租界。西北與東莞縣接壤。北通府縣二城。均可竄出東江。直達省會。東南海豐毗連。亦係會黨出沒之處。非派營勇面面顧到。難期迅速撲滅。爰咨水師提督何長清抽撥新舊靖勇及各台砲勇共足一千五百餘人。先由新安之深圳墟向北兜截。直搗三洲老巢。防擾租界。復派大小兵輪在洋面游弋。莫善積率喜勇於閏八月初十馳抵歸善。維時匪黨未齊。猝聞兵到。遂定於十三日豎旗起事。先以數百人猛撲新安沙灣墟。欲擾租界。幸何長清靖勇已抵深圳。

乃回攻橫岡。連次接戰。互有勝敗。兇焰益張。警報日至。奴才以總兵黃金福所統信勇已撥兩營分駐東西兩路。因分再帶一營。由府城進勦。以壯聲援。此奴才添調營勇分投防勦之情形也。逆首孫汶伏處香港。時施詭計。而三洲田匪巢。則以鄭士良劉運榮等充僞軍師。蔡景福等充僞元帥。陳阿怡等充僞先鋒。何崇飄黃盲福黃耀庭等充僞元帥。黃楊充僞副元帥。旗幟僞書大秦國及日月等悖逆字樣。各匪頭纏紅巾，身穿白布。鑲紅號褂。前於閏八月初八九日聚集。旣踞龍崗。四出焚搶。附脅日衆。惠州府知府沈傳義募士勇二百名。委歸善縣縣丞杜鳳梧管帶二十二日會同喜哲各軍齊赴前敵。行至距城十餘里之平潭地方。賊隊麕至。莫善積奮勇當先。陣斬僞先鋒蔡阿牛陳阿福等。斃匪數十名。正期得手。詎附近匪鄉糾約千餘人。各帶快鎗牌刀齊來助匪。分路包抄。我軍被困。陣亡勇丁數十人。縣丞杜鳳梧被擄。府縣兩城同時戒嚴。幸是日都司吳祥達帶哲字左營。由海豐來。橫瀝深柏洞團練適又誘獲僞副元帥黃楊。訊明正法。兵氣稍振。此閏八月二十六日以前歸善匪勢之猖獗情形也。匪既不得竄出江面。乃折而向東。欲與海豐陸豐股匪爲一氣。匪廿六日進踞三多祝。廿七日黎明。自晨刻戰至日昃。槍炮齊施。匪不少却。吳祥達持鎗血戰。當場殺斃僞軍師劉運榮僞元帥何崇飄楊發等多名。匪勢漸覺披靡。

遂揮衆掩殺。斃匪五六百名。奪獲旗幟馬匹鎗炮無算。救拔縣丞杜鳳梧及被擄婦孺百人。乘勝克復三多祝黃沙洋兩處。查驗陣斬匪屍。內有一具係服外洋衣袴。訊之生擒各匪。均指爲僞軍師鄭士良。未知是否確實。此閏八月廿七日勦辦歸善會匪獲勝之實在情形也。當歸善匪勢鴟張之日。閏八月廿五夜匪攻河源縣城。經知縣唐鏡沅竭力抵禦。匪退黃沙磚瓦窰。廿七日黎明石玉山帶隊掩至。縱火圍攻。斬馘百餘。焚斃無算。和平本駐廣毅軍一哨。匪首曾金養率衆焚燒南門城樓。營勇兵團齊出力戰。陣斬匪首曾金養。生擒十數名。匪始潰散。此又惠州各屬會匪响應各營勇先後獲勝之實在情形也。奴才伏查逆首孫汶。以漏網餘兇。遊魂海外。乃敢潛回香港。勾結惠州會匪。潛謀不軌。軍伙購自外洋。煽誘徧及各屬。豎旗叛逆。先擾逼近租界之沙灣墟。意在挑啓中外釁端。從中取事。其兇險詭譎。實與康梁逆黨勾結長江兩湖會匪同時作亂情形。遙遙相應。雖官軍乘其未定。先已兜截。使兩路之匪不能聯合一氣。歸善之匪未能竄越一步。然猶豕突狼奔。橫厲無比。戕殺弁勇。擄捉印官。各路會匪仍敢同時並舉。雲集响應。罪大惡極。無以逾此。幸仰仗朝廷威福。將士用命。旬日之間。羣兇授首。脅從逐漸解散。地方轉危爲安。城池租界均未擾及。不致貽外人口實。尤爲始料所不及。其僞軍師僞元帥等半已伏誅。而首逆之孫文。與謀之康梁各黨。初則伏匿港澳。繼聞竄跡外洋。前已照會港澳各洋官密拿懲辦。卽不能尅期就網。當亦不敢潛回云云。

楊衢雲之被害　楊衢雲自戊戌二月從南洋乘若狹丸至日本後。除與中山經營黨務之外。復在橫濱山下町設校招生。教授英文。華僑子弟得其啓導者不少。己亥歲杪由日返港。雖提出辭職書。讓會長之位於中山。然從事革命運動。益加努力。迨庚子惠州義師失敗。粵督德壽指名懸賞通緝。同志多勸其出洋暫避。楊不以爲意。遂韜光斂釆。設帳於結志街五十二號二樓。教授英文。以贍養妻子。各友咸以利害動之。楊慨然曰。男兒死則死矣，何避爲。吾寧授徒以養妻子。不忍侵蝕公款。俾立一好模範。爲同人先。其公而忘私。有如此者。是年十一月二十日。粵吏暗買兇徒陳林刺殺楊於教授室。時楊

被刺前之楊衢雲

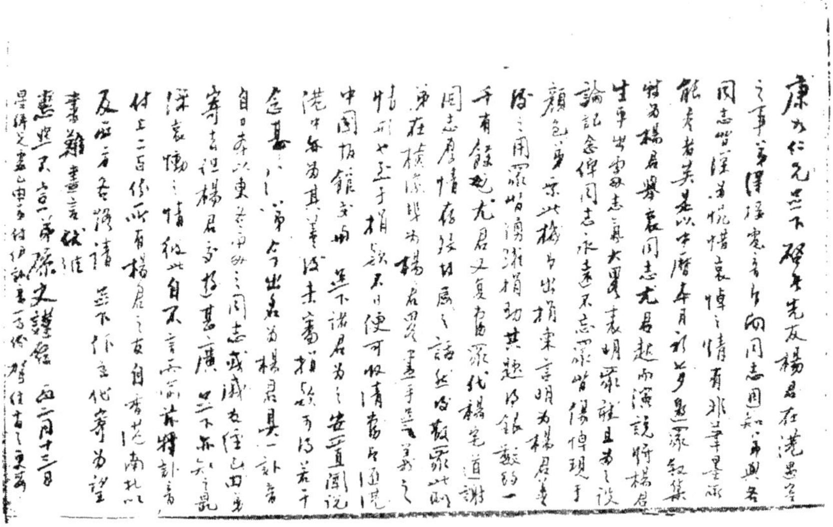

孫中山爲楊衢雲恤款函

正在授課。甫見兇徒入門舉鎗。卽以手中書猛擲刺客。竟罹於難。諸同志葬楊於香港英國墳場第六千三百四十八號。陳林返粤復命。德壽賞銀三萬兩。官之以千總。旋因香港政府嚴重交涉。乃令李家焯假他事殺之以滅口。港商吳瑞生以刺楊嫌疑。被港政府驅逐出境。中山時寓橫濱前田橋一百二十一番館。聞楊遇害。乃於十二月初七晚召集同志開會追悼于永樂樓。並發起募捐。以恤其遺族。茲附錄庚子十二月廿五日中山由橫濱致謝讚泰函如左。

康如仁兄足下。啓者。先友楊君在港遇害之事。弟得接電音。卽向同志週知。弟與各同志皆深爲惋惜。哀悼之情。有非筆墨所能盡者矣。是以中歷本月初七夕邀衆聚集。特爲楊君舉哀。同志尤君起而演說。將楊君生平出處志氣大略表明衆聽。且爲之設論紀念。俾同志永遠不忘。衆皆傷悼。現於顔色。弟乘此機會。即出捐柬。言明爲楊君善後之用。衆皆踴躍捐助。共題得銀數約一千有餘元。尤君又復當衆代楊宅道謝同志厚情。存歿均感之話。然後散衆。此則弟在横濱埠爲楊君略盡手足之義之情形也。至於捐款。不日便可收清。當即匯港中國報館交與足下諸君爲之安置。聞說港中亦籌善後。未審捐款可得若干。念甚念甚。弟今出名爲楊君具訃音。自日本以東各處之同志或戚友，經已由弟寄去。但楊君交遊甚廣。足下亦知之最深。哀悼之情。彼此自不言而喻。並將訃音付上二百份。所有楊君之友。自香港南北以及西方各路。請足下作主代寄爲望。書難盡言。伏維惠照不宣。弟孫文謹啓。

西二月十三日。

星儔兄處已由弟付伊訃音一百份。駕往言之更妥。

第十三章　庚子史堅如謀炸德壽

史堅如略歷　入黨之決心　革命之運動　暗殺之布置　被逮時情形　淸吏之文告

史堅如略歷　史堅如。粤之番禺人。其先本居浙之紹興山陰。以曾祖游幕東粤。遂占籍焉。堅如生七歲而孤。幼多病。體極羸弱。而天性肫篤。且沈潛聰穎。遇事有意想。家人咸憐愛之。母令就外傅。輒不屑。與羣兒戲。塾師本冬烘舍。高頭講章外。無他物。堅如雖穉。頗睥睨之。暇惟終日靜坐。間取筆畫爲花鳥人物。竟工肖。且有奇氣。見者驚嘆。戲呼爲畫師。母以爲弱。不甚督令讀書。中更三四師。皆碌碌無所得。後從其戚某孝廉游。孝廉名下士。經學書法。素爲時流推重。堅如對於經籍不措意。而六書之學。極有心得。以其餘發爲篆隸。旁及金石。多古雅雄逸之致。稍長。以爲無用。一切棄去。惟好瀏覽古今史册。講求經世之術。尤喜研究西政西藝兵法輿地等學。性最惡八股。與人談及。必痛詆之。甲午之役。中敗于日。師夷地割。堅如與人討論時局。恆憤形于色。立志欲爲世界第一等事業人物。顧鋒穎太露。一日友人與論君臣大義。堅如正色曰。民主爲天下公理。君主專制必不能治。

卽治亦不足訓也。今日中國正如數千年來破屋。敗壞至不可收拾。非盡燬而更新之。不爲功。世之談變法者。粉飾支離。補苴罅漏。庸有濟乎。聞者以爲狂，其兄古愚懼其觸忌。誡令斂抑。堅如慨然曰。多言固足賈禍。但國家危辱如此。雖虛生世上。亦有何益耶。然自是遂

史堅如

少與外人交際。惟在家兄弟相切磋。常夜坐園中大槐樹下。縱論一切。至漏下不休。曉則相與馳馬郊原。負槍獵禽以爲樂。戊戌八月政變。粤以初八日知之。古愚方午餐。堅如忽促自外歸曰。天下事敗矣。此老婦可殺也。備述其事。相與嗟嘆。決意謀摧陷廓清之舉動。顧苦無同志。家財又不足召募豪傑。時粤中草野嘯聚。所在多有。堅如欲投身其中。借以爲資而起。後以此輩不足謀乃止。惟陰物色天下奇士。且每於儕輩中演說國民自立大義。中國危急情形。以冀警動。旣而羊垣美國人有格致書院之設。堅

如既不得志。姑就肄業焉。掌教尹士嘉以其穎異。彌愛重之。同學中亦有三數輩主張維新革命流血救世之說。互相策勵。應求漸廣。惟堅如少失怙。事母至孝。不欲以己志聞于高堂。己亥之歲。與兄古愚妹憬然奉母徙居澳門。

入黨之決心　時有日本人在粵立東亞同文會。會長爲高橋謙。堅如往訪之。意氣極相得。力勸東游。謂大可增長見識。物色豪傑。且中國革命黨領袖亦在日本。思往訪之。遂以高橋爲介。先晤港中同志陳少白楊衢雲諸人。并加入興中會焉。旋卽東渡。路經滬上。暫作勾留。延攬人才。適遇湖南同志畢永年。遂偕往漢皋。游覽形勢。晤各會黨豪客。并湘鄂間志士。周旋之下。莫不傾結。及抵東洋。東邦人士見其少年英俊。交相引重。抵東京。訪中山。傾吐胸臆。指畫大計。經談經旬。日夜不厭。既而曰。天下多事。非吾輩安坐日也。遂握手。慷慨相期許而別。既歸。益銳意圖大事。時督粵者爲譚鍾麟。昏聵貪鄙，不孚民望。此時發難最有機緣。而苦無基礎。未可藉手。未幾。清政府以李鴻章來。李威望素著。兵備較完。謀事之間。難易頓判。然是時堅如已與同志微行山澤。聯絡會黨。經畫一切。漸有端倪。五六月間。義和團起。聯軍北上。堅如乃攘臂起。以爲時不可失。爰就同志鄧蔭南計事曰。昔者洪楊蹴踏半中國。其成敗至不足道。而用兵之次第。不無可取。吾欲收廣東爲根據地。

鼓行湘鄂。直討幽燕。有衆數萬。何慮不濟。惟發難伊始。宜多設條理。廣州。省之中堅。吾自當之。先搗庭穴。次第戡定。別約鄭士良以一偏師出循州。從間道來會。腹背夾擊。必勝之道也。衆唯唯受部署。而資用不足。堅如自東歸。卽謀盡售家中各田產。所得當約三四萬金。顧其家素豐。無嗜好。又未涉商務。一旦沽產甚急。但求速不計値。人多疑怪。反久不就。迨拳禍起。富戶咸自危。各謀挾資遁。更鮮過問。然衆勢已合。不可離散。而應接朋輩。往來港澳。日用度支。亦每不給。惟以借貸典質濟緩急。其辦事益仍棘手矣。堅如在平昔。體貌雖羸。而精神強固。至是心力交瘁。形神銳減。恆反覆往來中夜。忽忽仰天太息。籌款之說。旣無可奈何。姑謀陰說平日相識中有力者。冀其感動。有所輸助。惟中有志銳而言疏者。平日守舊迂謬。與堅如不睦之徒聞之。遂從而忖測播揚。故所得有限。而外間反籍籍私議。謂孫文將奪據省垣。堅如實爲之前驅。省中諸父昆弟咸奔澳門。動色詬怨。謂大吏已懸千金相購。請速行。毋累宗族。

革命之運動　初堅如偵知廣州駐防人數。旗多於滿。而滿素抑旗。外人雖幷視之。而實則平日積怨已久。遂倡聯旗滅滿之策。與旗人有勢力者稔密。因勢而利導之。旗人練達成頗具血氣。小有才。因祕授方略。令陰結羽翼。刺探機密。以供驅策。羊城各要隘。以東北爲建瓴。以西南爲犄角。潛師襲擊。分路並進。東西北三江如馬王海區新輩諸盜首。復各帥勇士數千人馳會應合。期七月某日起事。謀大定矣。會軍械逗撓弗至。事寖敗。堅如力斡旋之。改期八月某日。然鄭士良軍已先馳。不可復遏。三洲田等處義旂一出而窘。堅如思解惠州之阨。而廣州大舉初志。期綏莫濟。不得不行暗殺以盾其後。於是欲舉淸吏之權位重大者。如督撫將軍輩殲之。使其餘恐怖惶恐。自顧不暇。則東江自立之勢成。而西北江之義師又起。大局不勞而定。時適售去一產約三千金。其田畝亦有人願出價一萬餘金。已有成。將交易矣。堅如以其緩。不能因私而誤公。遂棄不顧。時省中儕輩懼禍作。早星散。即有未散者。亦以金齎發使他適。

暗殺之布置　撫署旁有甬道曰後樓房。第宅櫛比。堅如密僦宅。以友人宋少東姓氏榜諸門旋由鄧蔭南黎禮二人密運到外洋炸藥二百磅并藥線各件。初運交西關榮華東街辦事機關。由練達成收藏。復由練密交五仙門福音堂黃守南代貯。及稅居後樓房。乃使宋少東夫婦居之。由劉錦洲蓋章擔保。炸藥即由溜玉山乘肩輿暗運入屋。是晚爲八月初五夕。堅如偕練等四人鑿鍊並施。經營徹夜。至五鼓始竣事。掘地深五尺許。以大鐵桶滿實其中。藥線透達於外。爇香置其下。臨行反扃戸。約練等各散。期於香港相會。堅如由西門出。練等由南門出。沿路不聞有動靜。比至相會舟中。彼此私議。疑怪莫名。堅如乃使其兄及練蘇等三人先發。自返後樓房覘之。啓戶察視。則香燼而藥不燃。時已近朝午。恐舉動不便。乃更留一晝夜。定於初六早再行燃放。惟時遍視室中。除昨晚遺下之洋火一盒外。已一無所有。又不敢再扃戶外出。以動鄰右之疑。於是此一日一夜間。堅如乃如蟻之旋磨。周行室中。粒水不得入口，直至天將達旦。乃復安置藥線。燃點既畢。潛行出戶。輕將門虛掩。欲出城。爲乘輪赴港計。既念一經下港。萬一輪已開行。而藥力仍如昨日之不炸發。此時已無人在省照管。豈不誤事。乃決計不復下輪。訪西關第一長老支會禮拜堂同志毛文明寓處。略爲休息。蓋堅如自運動此事後。由運藥入城。鋤掘坑坎。燃點藥線。辛苦經營。已數夕未嘗交睫矣。無何心事忐忑。輾轉反側。不能成寐。忽聞轟然一聲。比暴雷尤烈。然因堅如未深諳燃放炸彈之法。以二百磅之巨量。僅置雷管少許。故祇燒去藥之一部。收效甚微。時堅如矍然而起。詐詢諸旁人曰。此何聲也。未幾里巷閧傳督署被轟事。堅如竊喜。以爲事已成矣。又未幾閧傳總督無恙。祇吃一驚。於夢中自牀墮地。抓出數尺以外。魄散魂飛。尙無性命之虞。祇署後圍牆等處坍塌十餘丈。附近民房坍塌數家。死傷各數人。堅如疑甚。以爲按藥力分量。督署當可焚燬一空。而德壽臥房曾用遠視測量法推測。則距離藏藥之所。不出十五丈以外。雖下有石壁阻隔。然以如此重量之炸藥。不爆則已。爆則屋宇崩頹。德壽必無幸理。乃道路所言。皆云德壽未死。心乃大疑。遂僱肩輿。直抵炸藥爆發處所。以行其實地視察。胆亦豪矣。

被逮時情形　時爲九月初六日。亦爲星期日。輪船停駛。堅如深以一擊不中爲憾。思乘機再舉。乃往油欄門鴻興客棧訪同志胡心泉兄弟。胡苦勸其勿進老城。堅如恃識面者鮮。且無證佐。遂於次早直下輪返港。而介字營勇已伏伺要路。堅如至。爭前以肩輿舁之。前後列兵隊。沿途擁護，如臨大敵。指拿堅如者。實偵探郭堯階也。比至。德壽命押入南海縣署。搜索其身畔。得德文炸藥配製法單一紙。南令裴景福大喜。以兵勇數十日夜環守之。甘言美詞。相待極優禮。欲以言餂得情實。因羅織成大獄。堅如不受籠絡。惟嬉笑玩弄之。裴怒。且知其不可動也。遂以威力相脅怵。出一名單。上列四十餘人。皆新黨中有聲望者。迫令供狀。堅如悉不承。備受刑杖。慘酷無人理。始終惟怒目不答。傲睨自若。卒被定斬首之刑。死時年纔二十耳。時鍾榮光曾請美國牧師尹士嘉轉求美國領事營救。淸吏以證供確鑿。拒之。就義之日。爲九月十八日。香港同志李紀堂預派同志蔡堯。于是晚三鼓。祕密將遺骸草草殮葬。碑誌暗號司馬氏云。其担保宋少東稅屋之劉錦洲亦被捕。堂訊時。口誦耶穌新約不已。官以其癲也。釋之。堅如之供詞掌模及全案。至辛亥光復時尙存南海縣署。爲毛文明所藏。

堅如有妹憬然。熱心革命。不讓乃兄。堅如奔走國事。深得其助。堅如就義之翌年。憬然亦以疫死于廣州。

清吏之文告　附錄粵督德壽告示如下。

頭品頂戴兵部侍郎兩廣總督部堂德爲剴切曉諭事。照得逆匪史經如宋少東等在後樓房街埋藏炸藥轟斃多命一案。昨經將史經如拿獲。訊認聽從楊衢雲起意設立興中會。招人拜會。意圖滋事。並派伊爲城內總統。後樓房街炸藥即係該犯與宋少東埋藏等情。當經照例捉犯正法在案。查後樓房街鄰近府縣衙門。該匪膽敢潛藏炸藥。欲將該處全行轟燬。藉端起事。實屬居心慘毒。罪大惡極。查該犯史經如出身士族。其初諒非甘心從逆。無非因康梁孫汶各匪從中惑煽。致身罹大辟。貽羞宗族。如果父兄認眞拘束。何致若是。聞康梁孫汶各匪尙復四出煽惑。黨羽甚多。處處皆有。除供開省要各犯。飭屬嚴行查拿。務獲懲辦。以儆亂黨。而安地方。其餘各黨。姑念或係被脅勉從。或爲匪徒所誘。本兼署部堂概不株連。合行出示曉諭。嗣後紳民人等。務當隨時約束子弟。未與匪黨來往者。固宜潔己自愛。莫爲匪誘。其已入匪黨者。即宜痛改前非。勉爲良善。自此示諭之後。爾等如再有不知檢束。則屬甘心從逆。本兼署部堂不時派員密查。一經獲案。不獨罪其一身。並將不能約束之父兄。一併治罪。家產充公。決不姑寬。諒之。特示。光緒廿六年九月日示。

第十四章　壬寅支那亡國紀念會

留學生與亡命客　章太炎略歷　紀念會之發起　清日當局之禁止

紀念日之各地情形

留學生與亡命客　留日學界自經庚子漢口惠州兩役蹉跌之後。亡命客羣集東京。革命思潮。風起雲湧。秦力山朱菱溪陳猶龍等均已抵日。章太炎時任廣智書局修纂。此外馮自由馬君武周宏業諸人日倡排滿。設機關于牛込區榎本町。大爲清公使館注目。時孫中山方寓橫濱。每至東京。恆假對陽館爲會客之所。章太炎秦力山程家檉諸人常與往還。在義勇隊成立前。留學界高唱革命。以是時爲最盛。

章太炎略歷　章炳麟原名絳。字枚叔。又號太炎。浙江餘杭縣人也。少聰穎好學。經史子集。過目成誦。尤研精歷朝掌故及古文學。文筆高古。直逼周秦。時人稱爲顧炎武黃梨州後第一人焉。年十六。嘗一度考縣試。以病輟業。偶讀蔣良騏著東華錄。因悉雍正前滿虜虐遇漢人慘狀。民族觀念。油然以生。繼讀明季稗史。益蓄志排滿。遂絕意仕進。日從杭州詁經精舍山長俞曲園遊。專從事國學之研究。文名由是漸顯。歲甲午。中日搆釁。時年二十七。聞俞曲園言康祖詒集公車上書。并設強學會于北京。詫爲奇士。無何。強學會章程紛投于各書院。徵求會友。章以該會宗旨在于富國強兵。乃納會費十六元。報名入會。歲丙申。夏曾佑汪康年梁啓超發起時務報于上海。耳章名。特禮聘爲記者。章梁訂交卽在此時。章嘗叩梁以其師之宗旨。梁以變法維新及創立孔教對。章謂變法維新爲當世之急務。惟尊孔設教。有煽動教禍之虞。不能輕于附和。是卽章梁二人不能水乳之原因也。戊戌春間。鄂督張之洞以幕府夏曾佑錢恂二氏之推薦。專電聘章赴鄂。章應召首途。頗蒙優遇。時張所撰勸學篇甫脫稿。上篇論教忠。下篇論工藝。因舉以請益。章于上篇不置一辭。獨謂下篇最合時勢。張聞言意大不懌。兩湖書院山長梁鼎芬一日語章。謂聞康祖詒欲作皇帝。詢以有所聞否。章答以祇聞康欲作教主。未聞欲作皇帝。實則人

少年時代之章太炎

有帝王思想。本不足異。惟欲作教主。則未免想入非非云云。梁大駭曰。吾輩食毛踐土二百餘年。何可出此狂語。怫然不悅。遂語張之洞。謂章某心術不正。時有欺君犯上之辭。不宜重用。張乃饋章以程儀五百兩。使夏曾佑錢恂諷其離鄂。章返滬數月。適汪康年與梁啓超爭管時務報。梁被擯。時務報遂由汪改稱爲昌言報。仍聘章主持筆政。嗣是年八月政變。黨獄大起。凡在時務報任筆政者均不免。汪康年至江甯。被清吏下令逮捕。狼狽逃滬。章亦自危。賴日本詩人山根虎雄介紹。赴台灣充台北日報記者。并爲台灣學務官館森鴻修訂文字。嘗著一文忠告康梁。勸其脫離清室。謂以少通洋務之孫文。尚知辨別種族。高談革命。君等列身士林。乃不辨順逆。甘事虜朝。殊爲可惜等語。己亥夏間。錢恂任留日學生監督。梁啓超時辦清議報。均有書約章赴日。章應其請。先後寄寓橫濱清議報及東京錢寓梁寓。由梁介紹。始識孫中山于橫濱旅次。相與談論排滿方略。極爲相得。庚子六月。唐才常邀請旅滬名流開國會于張園。蒞會者有容閎嚴復文廷式吳葆初葉浩吾秋葆元宋恕等數百人。章亦與焉。旋以唐于革命保皇二途趨向不明。且國會所撰對外宣言。既主張創造新國。復宣示勤王靖難。前後矛盾。尤爲不合。乃再三勸告。令唐勿爲康黨所用。唐不能從。章乃憤然剪除辮髮。以示決絕。拂袖歸鄉。未幾。唐失敗于漢口。死之。清吏對于列名國會者。一律懸賞通緝。章名亦在列。遂潛居上海租界。匿不敢出。旋由江標荐往蘇州東吳大學。充漢文教授。該校爲耶穌教會所設立。章蓋欲借耶教爲護符。藉以避免清吏搜索也。掌教將一載。時以種族大義訓迪諸生。收効甚巨。有一次所出論文題目爲李自成胡林翼論。聞者咸以爲異。事聞于蘇撫恩銘。乃派員謁該校西人校長。謂有亂黨章某借該校煽惑學生作亂。要求許予逮捕。章聞警。卽再避地日本。時梁啓超方集華僑資本。創設廣智書局。延請留學生翻譯東文書籍。至是遂聘章藻飾譯文焉。留學生之有志者。以章爲革命先進。一代文豪。咸推重之。

紀念會之發起　壬寅（清光緒二十八年）三月。章太炎等爲鼓吹種族革命。振起歷史觀念起見。發起支那亡國二百四十二年紀念會于東京。署名發起者。有章炳麟秦鼎彝馮自由朱菱溪馬同周宏業王家駒陳桃癡李羣等十人。由章氏手撰宣言書。其文曰。

支那亡國二百四十二年紀念會啓

夫建官命民。帝者所以類族。因不失親。天室由其無遠。故玄黃于野者。戰之疑也。異物來萃者。去之占也。維我皇祖。分北三苗。仍世四千九有九載。雖窮髮異族。或時干紀。而孝慈幹蠱。未墜厥宗。自永歷建元。窮于辛丑。明祚既移。則炎黃姬漢之邦族。亦因以澌滅。迴望皋瀆。雲物如故。維茲元首。不知誰氏。支那之亡。既二百四十二年矣。民今方殆。寐而占夢。非我族類。而憂其不祀。覺寤思之。毀我室者。寧待歐美。自頃邦人諸友。愬然自謀。作書告哀。持之有故。有言君主立憲者矣。有言市府分治者矣。有言專制警保者矣。有言法治持護者矣。豈不以詐謨定命。國有與立。抑其第次。毋乃陵躐。衡陽王而農有言。民之初生。統建維君。義以自制其倫。仁以自愛其類。彊幹善輔。所以凝黃中之煙熅也。今族類之不能自固。而何他仁義之云云。悲夫。言固可以若是。故知一于化者。亦無往而不化也。貞夫觀者。非貞則無以觀也。且曼珠八部。不當數郡之衆。雕弓服矢。未若飛丸之烈。而薊丘大同。鞠爲茂草。江都番禺。屠割幾盡。端冕淪爲辮髮。坐論易以長跽。苴茲犬羊。安宅是處。哀我漢民。宜臺宜隸。鞭箠之不免。而欲參與政權。小醜之不制。而期扞禦晢族。不其忸乎。夫力不制。則役我者衆矣。莫之與。則傷之者至矣。豈無駿雄。憤發其所。而視聽素移。民無同德。恬爲胡豢。相隨倒戈。故會朝清明者鮮覯。而乘馬班如者多有也。吾屬孑遺。越在東海。念延平之所生長。瞻梨州之所乞師。穎然不怡。永懷疇昔。蓋望神叢喬木者。則興懷土之情。覩狐裘臺笠者。亦隆思古之痛。於是無所發舒。則春秋思王父之義息矣。昔希臘隕宗。卒用光復。波蘭分裂。民會未弛。以吾支那方幅之廣。生齒之繁。文教之盛。曾不逮是偏國寡民乎。是用昭告於穆。類聚同氣。雪涕來會。以志亡國，凡百君子。嬋嫣相屬。同茲惆㥚。願吾滇人。無忘李定國。願吾閩人。無忘鄭成功。願吾越人。無忘張煌言。願吾桂人。無忘瞿式耜。願吾楚人。無忘何騰蛟。願吾遼人。無忘李成梁。別生類以箴大同。察種源以簡蒙古。齊民德以哀同胤。鼓芳風以扇遊塵。庶幾陸沈之禍。不遠而復。王道清夷。威及無外。然則休戚之數。悲欣之府。其在是矣。莊生云。舊國舊都。望之暢然。雖丘陵草木之緡。入之者十九。猶之暢然。况見見聞聞者耶。嗟乎。我生以來。華鬢未艾。上念陽九之運。去茲已遠。復逾數稔。逝者日往。焚巢餘痛。誰能撫摩。每念及此。彌以腐心流涕者也。君子。

章等發起斯會後。即將宣言書四處散佈。復郵寄橫濱清議報。託梁啓超代派送華僑。以廣宣傳。幷徵求孫中山梁啓超二人同意。孫梁均復書願署名爲贊成人。惟梁則另函要求勿將其名公佈。是會定期是年三月十九明崇禎帝殉國忌日。在上野精養軒舉行紀念式。留學生報名赴會者達數百人。學界爲之振動。

清日當局之禁止　清公使蔡鈞聞留學界有此舉動。極形恐慌。乃親訪日外務省。要求將此會解散。以全清日兩國交誼。日政府徇其請。特令警視總監制止章等開會。故署名發起之十人。於開會前一日。各接到牛込區警察署通知書。謂有要事待商。請於是日某時往該署一談。章等屆時偕行。既至神樂坂警署。警長首問章等爲清國何省人。章答曰。余等皆支那人。非清國人。警長大訝。繼問屬何階級。士族乎。抑平民乎。章答曰遺民。警長搖首者再。於是發言曰。諸君近在此創設支那亡國紀念會。大傷帝國與清國之邦交。余奉東京警視總監命。制止君等開會。明日精養軒之會著卽停止云云。章等以爭之無益。無言而退。

紀念日之各地情形　及期。上野精養軒門前有無數日警監視。並禁止中國人開會。惟留學界多未知開會被阻事。是日不約而赴會者。有程家檉等數百人。均被日警勸告而散。孫中山亦自橫濱帶領華僑十餘人來會。及詢知情事。乃在精養軒聚餐。以避日警耳目。是日歸抵橫濱。卽召集同志多人在永樂樓補行紀念式。香港中國日報得宣言書。卽登載報端。以期普遍。及期。陳少白鄭貫公等舉行紀念式於永樂街報社。同志到者極形踴躍。香港及廣州澳門各地人士聞之。頗爲感奮云。

第十五章　壬寅洪全福廣州之役

洪全福略歷　謝讚泰與容閎　李紀堂之資助　外人之同情　起事之策略　事洩之原因　黨人之生死

洪全福

洪全福略歷　洪和原名春魁。一字梅生。後改名全福。太平天王洪秀全之從姪也。幼隨秀全於廣西。起義後。轉戰湘鄂皖浙諸省。晋封左天將。瑛王。三千歲。天國敗。逃香港。傭洋船爲庖丁。掛名于香港義和堂行船館。附籍東莞縣洪屋圍村。立室家焉。航行四十載。春秋已高。不克任勞。隱居香港。懸壺自贍。有謝日昌者。開平縣人。在澳洲經商數十年。三合會之前輩也。素抱種族思想。與洪爲舊友。昕夕往還。洪由是與謝之子纘泰相識。纘泰爲興中會員。少有奇志。自乙未失敗。久與撫髀之嘆。及己亥十月十七日。偶聞洪述太平天國遺事。及其在洪門會黨之潛勢力。油然神往。遂商諸其父。擬請洪担任第二次攻取廣州事。謝父極爲許可。惟以缺乏軍資。無從著手。囑令靜候時機。自是洪與謝父子三人常密商發難計畫。至辛丑八月。得李紀堂允助軍資。始定進行方針。

謝纘泰與容閎　纘泰字聖安。號康如。生長澳洲。長于英國文學。嘗于興中會成立前六年

謝纘泰

。與楊衢雲發起輔仁文社。爲吾國人組織新學團體之先河。與楊衢雲交最密。丁酉戊戌年間與康廣仁同倡各黨聯合救國之說。以康有爲師徒卑視他黨。運動無效。庚子正月上海電報局總辦經元善因與蔡元培等一千二百三十一人聯名通電反對清太后廢止光緒。爲清廷下令通緝。經逃至澳門。復爲清吏控以捲逃公帑之罪。下諸葡國監獄。謝與經素不相識。因聞其事于興中會員徐善

亭。遂力托香港天足會長英婦黎脫爾夫人Mrs Archibald Little設法營救。黎復請香港總督卜力夫人Mrs Henry Blake相助。澳門葡督得港督電。立將經釋放出獄。經得免于引渡淸吏者。謝幹旋之力也。謝素推重老博士容閎。己亥庚子間興中會發生會長辭職問題。同時提倡各黨聯合之畢永年日人宮崎平山等亦發生新黨會長人選問題。謝于兩方均提出容閎會長之議。謂以老成碩望如容者。出而領導羣倫。可免各種糾紛。惟其說卒不見納。庚子六月唐才常嚴復等開國會于張園。公推容爲會長。似與謝之建議。不無關係。容爲吾國提倡新學之先進。嘗上書太平天王洪秀全。請與各國通商。舉行新政。洪不能用。擬封以王爵。容拂袖而去。後復上書曾國藩李鴻章張之洞。條陳新政。淸當局頗納其議。而不能盡用。今之江南製造局及招商局。卽容於乙亥至丙子（淸光緒元年至六年）七年間之建議也。丙子間容受淸廷命。派充駐美代理公使。與陳蘭彬聯袂渡美。後以淸廷外交懦弱。憤而辭職。己亥自美歸國。頗有志于改革。旋被上海志士舉充國會會長。及庚子七月唐才常失敗。張之洞指名通緝。遂偕其姪星橋至香港。謝于己亥冬已介紹楊衢雲與容會晤。嗣楊爲淸吏所害。遂有擁容爲首領之意。蓋謝於己亥楊衢雲勢迫辭職事件。意極不滿。至是乃向容歷陳與洪全福李紀堂謀在廣州發難之種種計畫。容極首肯。允至美後盡力相助。旋于是年十一月渡美。

李紀堂之贊助　李柏號紀堂。新會縣人。香港富商李陞之第三子也。庚子二月初五日。偶訪謝纘泰暢談時政。謝勸其入革命黨同任國事。李極贊同。遂于三月廿三日。由楊衢雲主盟。加入興中會。時惠州義師之籌備。將次成熟。中山于六月間偕楊衢雲至港。聞李已入會。大喜。乃給以二萬元。介充駐港會計主任。李于是役前後所耗不貲。中國報歷年經費尤賴其挹注。丙午以前，幾由李以獨力担負之也。李自其父逝世。分得遺產百萬。乃欲再圖大舉。一雪惠州失敗之恥。適洪全福謝纘泰父子方有所謀。特向李徵求同意。李欣然贊成。遂于辛丑（清光緒二十七年）八月十四日會商進行方法。洪提議籌餉五十萬元。召集省港洪門兄弟尅期大舉。謝提議推舉容閎老博士爲臨時政府大總統。李于二項提案均無異議。且允以個人之力担負軍餉全額。議既定。洪謝李諸人遂積極進行。尅期大舉。惟此次計畫。興中會幹部概未與聞。中山時在越南。僅由港友函告。略知大概。

外人之同情　外人贊助此舉者。有西報記者黎德及克銀漢 Alfred Cunningham 馬禮遜博士 Dr. G. E. Morrison 諸人。皆謝纘泰之友也。謝嘗持所草英文革命宣言書就正於馬博士。馬極稱許。復由克銀漢親自點石印刷。以守祕密。克嘗與英國武官格斯幹 Gascoigne 將軍及海軍司令接洽。請求相助。二氏口頭上均允盡力。及是役失敗。在港同志被英警逮捕者多人。賴克銀漢在西報提倡公道。幷運動駐倫敦友人向殖民部設法。港督得殖民部保護國事犯之電。始將被拘黨人全數省釋。

起事之籌備　洪謝李等旋設總機關于香港德忌笠街二十號頂樓。顏曰和記棧。洪並改名全福。以示藉洪秀全福蔭之意。所有購械輸運佈置一切。多由李在港策畫。壬寅（清光緒二十八年）六月。洪委任梁慕光李植生在廣州組織機關。又遣宋居仁馮通明在北方一帶聯絡會黨。以資響應。時李植生在下芳村德國教堂爲漢文總教習。在該堂側建築繼業公司製造肥料廠一所。李既受洪委任。遂將工人盡行辭退。以爲運動機關。貯積軍械軍服彈囊餅乾旗幟刀斧諸軍用品。備發難之需。梁慕光則在同興街開設信義洋貨店。又在河南開設繼業公司和記公司。均爲本部重要機關。此外城內尚有分機關二十餘所。

起事之策略　籌備既竣。遂定期十二月三十晚舉事。約以俟全城文武官吏齊到萬壽宮行禮時。放火爲號。卽各路並起。炸萬壽宮。據軍裝庫。焚火藥局。然後佔領各衙署。宣佈共和政治。又遣人預約惠州同志同時起義。以牽制陸路提標。香山東莞同志則担任牽制水師提標。著名盜魁劉大嬸則統其部衆。握省城北路。分本部爲五軍。一軍守東北門。以堵禦清兵。一軍奪增步製造廠。而攻西門。一軍扼惠愛五約等處。以堵旗兵。一軍攻萬壽宮。殺清吏。

一軍在新城為各軍策應。并預備安民告示多種。多出香港中外新報記者洪孝聰手筆。其上均橫書公理既明漢裔可興八字。其辭曰。

大明順天國南粵興漢大將軍天賜為安民告示。爾等宜知清朝無道。官吏貪私。荼毒天下。加稅加釐。抽捐重叠。竭盡民脂。爰動公憤。特舉義旗。除滿興漢。大公無私。保商保教。立太平基。弔民伐罪。順天應時。凡爾士庶。相安勿疑。

事洩之源因　十二月中旬。黨人紛紛入城準備發難。二十六日洪全福特僱小火輪。從香港往澳門。入香山布置一切。留三人守和記棧。以便交通。詎有奸人周某向香港警廳告密。引警察至和記棧查搜。連童僕五人悉被拘留。周某并將搜出之文件抄報粵督德壽。請派兵查搜各機關及輪船。同時李紀堂定購大批槍枝之沙面曹法洋行預收去定洋數萬元。屆期不能交貨。亦向捷字營管帶楊植生告密。於是事情暴露。洪全福等仍思用他法補救。特由澳門用舢板二艘。滿載槍械。覆以煤炭運省。詎駛至香山百口村。騎船人賴某竟通報該鄉人攔截。以致失敗。梁慕光復向沙面洋行密購快鎗二百桿。欲以小艇載往花埭大通烟雨涌內。不意事洩。駐沙面捷字營勇追至涌口截緝。梁拔鎗立斃一人。泅水而遁。槍械盡失。

黨人之生死　三十日。清吏既偵悉黨人機關地點。遂由楊植生會同南海緝捕及安勇等圍捕芳村河南兩繼業公司花埭信義公司同興街信義行等處。獲旗幟號衣刀斧食品無算。各黨人住宅悉被查封。幷于省港澳輪船拿獲梁慕義等十餘人。由南海番禺兩縣捷字營管帶楊植生會同德國領事。將被拘之人逐一提訊。德商某洋行管棧員沈子銘以行賄三千元得釋。判死刑者爲梁慕義陳學靈葉昌劉玉岐何萌蘇居李秋帆等七人。監禁二十年者爲李偉慈即李順龔超即蘇子山梁綸初即梁平等三人。在獄斃命者葉木容一人。其在香港被拘之黨人。雖經粵督派委員楊樞沈毓岱赴港要求引渡。港督乃電倫敦殖民部請示辦法。旋接覆電。謂此乃國事犯。不應拘留。於是被留諸人立得省釋。洪全福與謝子修喬裝出險。由澳門返香港。無何。假屍案發現。英清二國偵探尋洪者履趾相接。先是粵督德壽懸重賞購洪。生獲賞二萬元。官守備。死致賞一萬元。官千總。遂有張某在港鴆殺其義父。向清吏冒領賞格。此案發覺。港政府以清吏妨害港地治安。大爲不滿。李紀堂謝纘泰乃力助港官追兇嚴辦。至清吏不敢再行其主使暗殺之手段。洪因是改名浮萍。避地於新加坡。旋以病回港就醫。死於香港國家醫院。年六十有九。葬於香港英國墳場第六千七百八十一號墓。李植生梁慕光先後避地橫濱。李以教留學生製造炸彈火藥等法爲生活。梁則從事船上食品營業。至辛亥革命始聯袂歸國。謝日昌憤極成疾。癸卯二月逝於香港。年七十二。謝纘泰與克銀漢同發刊英文南華早報。專在言論上鼓吹改革。不再預聞軍事。民十三嘗追述其革命見聞。筆之於書。題曰中華民國革命祕史。刊諸南華早報。惟無中文譯本。

第十六章　上海志士及蘇報案

新學書報之先河　經元善與唐才常、龔超之獄　作新社與大陸報　張園之拒俄大會　反對王之春之通電　教育會與愛國學社　四民公會與國民議政會　鄒容之革命軍　章太炎之駁康書　蘇報之歷史　清吏捕人之運動　蘇報案發生情形　會審公廨之審訊　章鄒案之原告問題　章鄒案之判决　各地學界之繼起　出版物與宣傳家　國民日報與警鐘報

新學書報之先河　上海為吾國之交通孔道。西歐之文化東漸。以此為集合點。故獨得風氣之先。海禁開後。新譯東西書籍。汗牛充棟。英人李提摩太氏之廣學會。譯本最多。厥功尤偉。國人之談新學者。大都得力於譯本。甲午戰後。士大夫漸知維新變法之急務。多以發刊書報為救時之良藥。丁酉間汪康年梁啓超夏曾佑章炳麟等創時務報於上海。提倡變法。轟動一世。吾國雜誌之唱道改革者。該報實為嚆矢。未幾康廣仁徐勤吳介石等亦設知新報於澳門

。與時務報取同一論調。嗣戊戌八月政變禍作。黨獄大起。時務報雖已改組爲昌言報。亦不免於停版。是年冬。梁啓超發刊清議報於橫濱。高唱勤王之論。大抵自甲午以至戊戌之五年間。國中言新學者殆無革命保皇之分。及戊戌政變後。康梁師徒稱奉衣帶詔。以勤王除奸爲標幟。於是持民族主義者始漸闢其非。思有以救正之。尋而議論日激。界限日嚴。兩派主張終互相背馳而不可復合焉。

經元善與唐才常　已亥庚子間。滬上言愛國者多斷斷於清帝光緒之存廢問題。尚不知革命爲何物。故己亥十二月清廷有廢立之議。上海紳商學各界蔡元培黃炎培等一千二百三十一人推電報局總辦經元善領銜。聯電抗爭。清廷令捕元善。元善走澳門。庚子春。唐才常在滬設東文學社爲運動機關。其友日人田野橘次發刊同文滬報。日鼓吹改革。頗稱得力。唐旋發起正氣會。招集同志。計劃起兵於兩湖。後復改名自立會。至六月。以長江各省運動漸臻成熟。假保國救時名義。邀請在滬各省之維新志士。開國會於張園。蒞會者有當代名流容閎嚴復章炳麟宋恕吳葆初張通典馬湘伯戢元丞文廷式沈藎龍澤厚狄葆元等數百人。滬人之召集愛國會議。此爲第一次。惟預會分子至爲複雜。其得參與自立軍祕密者。實極少數。除唐才常密友數人外。餘多震於國會民權之新說。乘興來會。非有如何確定之宗旨也。及八月漢口自立軍頓挫。黨禍大興。江督劉坤一憑張之洞通緝富有票會黨咨文。指名查拿。國會要人姓名。多掛黨籍。由是人人自危。即租界以內。亦風聲鶴唳。一日數驚。其因黨案避地海外。期免於禍者。實繁有徒。

龔超之獄　通緝唐才常黨羽一案。富有票會黨在上海被拿獲者數人。以龔超一案爲最令人注意。龔湖南人。與唐才中何來保等謀在湘發難。失敗後由湘逃滬。欲赴日本留學。是年十一月初一日爲清總兵顏某派其兵弁騙往華界。即被拘禁營中。二十二日龔之友探悉其事。即密函報告租界工部局及英國領事。英官以清吏擅自誘拿租界內居民。於租界治安關係甚巨。遂在會審公廨提出抗議。由公廨要求將龔超提回租界審訊。是日會訊時。承審者爲清同知張某。陪審員爲英官梅爾斯。且有英廨檢審官雷蒙賽及總包探機爾在座。研訊數次。清吏均諉其過於顏部下之兵弁。謂顏總兵並無捕龔之意。此乃顏部欲得千金賞格。故貪利爲之。顏絕不知情云云。英官以此舉關係租界主權。頗咎清吏之失當。結果遂將龔超釋放出獄。龔旋赴香港。壬寅十二月除夕。因與洪全福梁慕光等謀在廣州起義。在粵港輪船被捕繫獄。即洪案改名蘇子山者是也。

作新社與大陸報　戢元丞於東京國民報停刊後。旋向日人下田歌子等募集股本。創設作新社於上海。專以譯著新學書籍及販賣科學儀器爲宗旨。辛丑年復發刊大陸報月刊。鼓吹改革。排斥保皇。秦力山楊廷棟楊蔭杭雷奮陳冷等均任筆政。是時上海新學志士雖不乏人。而主張激烈論者。殆以作新社及大陸報諸人爲首屈一指。

張園之拒俄大會　癸卯四月。寓滬各省紳商志士因俄人要求改訂退兵條約事件。集議於張園。公議全國人民當拒而不認。幷議決致電各國外交部。申明國民不認俄約之由。其致北京外務部電云。聞俄人立約數款。迫我簽允。此約如允。內失主權。外召大衅。我全國人民萬難承認。又致各國外交部電云。聞俄人強我國立滿洲退兵新約數款。逼我簽允。現我國全國人民爲之震憤。卽使政府承允。我全國國民萬不承認。倘從此民心激變。徧國之中。無論何地再見仇洋之事。皆係俄國所致。與我國無涉。幸垂意焉。同時留日學生亦組織拒俄義勇隊。派遣鈕永建湯櫕二代表回國。請袁世凱出師。學生願担任前敵。上海志士聞之。亦有編練義勇隊之議。時同文滬報等皆傳鈕湯在天津被殺之說。聞者異常激昂。嗣經鈕湯親屬電津探問。始知鈕湯往見袁世凱數次。均被閽人拒而不納。而鈕湯旋亦以消息極惡返滬。蓋是時袁世凱魏光燾端方均接駐日公使蔡鈞電。有「東京留學生結義勇隊。計有二百餘人。名爲拒俄。實則革命。現已奔赴內地。務飭各州縣嚴密查拿」之語。故袁魏端遂據爲義勇隊之鐵案。

鈕湯倖早逃脫。否則恐不免先沈藎而流血也。時蘇報對於鈕湯之北上運動。譏爲不識時務。無端欲運動官塲。是可見滬人議論之漸趨激烈矣。

反對王之春之通電　癸卯春。桂撫王之春有借法款假法兵以平亂之議。兩廣寓滬紳商學各界開大會於張園。到者四五百人。由龍積之提議致電政府抗爭。幷請免王職以謝國人。衆贊成之。次日復在廣肇公所集議。公決通電各地請求援助。幷主張罷市罷工。以阻止此約。務期達到驅逐王之春目的而後已。

教育會與愛國學社　上海中國教育會爲寓滬志士章炳麟蔡元培黃宗仰（烏目山僧）黃炎培等所創。地址在泥城橋福源里卽今跑馬廳對面。發起於壬寅春。至秋冬之際始組織完備。初擬編輯教科書及刊行叢報。正進行間。而蔡鈞阻遏留學之風潮以起。於是乃謀自立學校。培植人才。適是時南洋公學學生不勝教習之虐待。相率出學。求濟於教育會。章蔡黃等允爲設法。復得羅迦陵女士等募捐巨款。而愛國學社始得成立。繼復容納南京陸師學堂退學生。聲勢益張。南洋公學學生退學之原因。由於教員之禁壓言論自由。及不許學生高談革命。故愛國學社成立後。一反其所爲。校內師生皆議論時政。放言無忌。南京退學生之有力者爲貝壽同穆湘瑤何靡施敖夢姜胡敦復曹梁廈俞子夷計烈公何震生等。而陸師退學生之有力者則爲章士釗林蠣等。持論皆甚激烈。於是東南各省學界遂漸爲此種革命高潮所激盪。學生之趨向激烈論者。所在多有。其魔力不可謂不巨也。癸卯五月。愛國學社忽因微小意見。向教育會宣告分立。初由愛國學社社員以「敬謝教育會」之意見書登諸二十四日蘇報。雖經黃宗仰多方調停。因章太炎等主張對於退學生漸加以制裁。而吳敬恆則左袒學生。意見各殊。卒難復合。至閏五月初一日遂由宗仰以教育會會長名義。揭「賀愛國學社之獨立」一文於蘇報以答之。而教育會會員任教職者遂多謝去。是時女士陳擷芬等亦有愛國女學校及女蘇報之設。愛國女校附屬中國教育會。女學報則爲言女子革命者之大營壘。其功力不在愛國學社下也。

四民公會與國民議政會　寓滬各界人士自於張園發起拒俄大會後。即組織四民公會以資號召。繼復易名國民公會。初發起其事者爲馮鏡如龍澤厚吳敬恆鄒容陳範諸人。凡維新志士多列名焉。初無所謂派別也。至五月間。康徒龍澤厚再易名曰國民議政會。漸傾向請願清廷立憲之主張。於是馮鏡如首陳意見脫會。鄒容吳敬恆及愛國學社諸人皆表示不肯加入。而議政會遂成無形的解散。然是時清吏對於發起諸人。固一律目爲革命黨。並無急激平和之分。未幾遂有蘇報一案出現。

鄒容之革命軍　鄒容字尉丹。四川巴縣人也。壬寅之東京留學。肄業於同文學校。嘗持剪刀強剪學生監督姚某辮髮。懸諸留學生會館正樑。癸卯春以事返滬。適愛國學校成立。遂奔走其間。極爲盡力。因俄人強逼改約。而淸政府甘心賣國。遂發憤草革命軍一書。凡七章。首緒論。次革命之原因。次革命之教育。次革命必剖淸人種。次革命必先去奴隸之根性。次革命獨立之大義。次結論。約二萬言。章炳麟爲之序。由金天翮蔡寅陶賡熊等之資助。於是年五月在滬大同書局出版。五月十四日蘇報作『讀革命軍』一文。以闡揚之。並爲新書介紹一則。是爲章鄒與　報案牽涉之點。章序云。

革命軍序

蜀鄒容爲革命軍方二萬言。示余曰。欲以立懦夫。定民志。故辭多恣肆。無所回避。然得無惡其不文耶。余曰。凡事之敗。在有其唱者。而莫與爲和。其攻擊者且千百輩。故仇敵之空言足以墮吾實事。夫中國吞噬於逆胡。已二百六十二年矣。宰割之酷。詐暴之工。人人所身受。當無不昌言革命。然自乾隆以往。尚有呂留良曾靜周華等。持正議以振聾俗。自爾遂寂泊無所聞。吾觀洪氏之舉義師。起而與爲敵者。曾李則柔煦小人。左宗棠喜功名。樂戰事。徒欲爲人策使。顧勿問其韙非枉直。斯固無足論者。乃如羅彭邵劉之倫。皆篤行有道士也。其所操持。不洛閩而金谿餘姚。衡陽之黃書日在几閣。孝弟之行。華戎之辨。仇國之痛。作亂犯上之戒。宜一切習聞之。卒其行事。乃相繆戾如彼。材者張其角牙。以覆宗國。其次卽以身家殉滿州。樂文采者則相與鼓吹之。無佗。悖德逆倫。幷爲一談。牢不可破。故雖有衡陽之書。而視之若無見也。然則洪氏之敗。不盡由計畫失所。正以空言足與爲難耳。今者風俗臭味。少變更矣。然其痛心疾首。懇懇必以逐滿爲職志者。慮不數人數。人有文墨議論。又往往務爲溫籍。不欲以跳踉搏躍言之。雖余亦不免是也。嗟乎。世皆闇昧。而不知話言。主文諷切。勿爲動容。不震以雷霆之聲。其能化者幾何。異時義師再舉。其必墮於衆口之不俚。概可知矣。今容爲是書。壹以叫咷恣言。發其慚恚。雖器昧若羅彭諸子。誦之猶當流汗祇悔。以是爲義師先聲。庶幾民無異志。而材士亦知所返乎。若夫屠沽負販之徒。利其徑直易知。而能恢發智識。則其所化遠矣。藉非不文。何以致是也。抑吾聞之。同族相代。謂之革命。異族攘竊。謂之滅亡。改制同族。謂之革命。驅逐異族。謂之光復。今中國既滅亡於逆胡。所當謀者光復也。非革命云爾。容之署斯名何哉。諒以其所規畫。不僅驅除異族而已。雖政教學術。禮俗材性。猶有當革者焉。故大言之曰革命也。共和二千七百四十四年四月

餘杭章炳麟序。

章太炎之駁康書　康有爲遊歐洲十七國後。歸而著書。顏曰「南海先生最近政見書」。抨擊革命排滿之說。無所不用其極。香港中國日報首先駁之。尋章太炎亦有「駁康有爲政見書」之作。出版未久。與革命軍同受社會熱烈之歡迎。鄒著文字顯淺。利於華僑。章著下筆高古。利於士紳。同爲革命時代最有價值之著作。

蘇報之歷史　蘇報初爲日本人所創辦。後湖南衡山人陳範號夢坡者。以江西知縣因教案落職。移居上海。憤官場之腐敗。思以清議救天下。遂承辦是報。主持四載。其主張日追潮流而進步。陳善聽人言。由變法而保皇。由保皇而革命。其女公子擷芬亦擅長文學。倡辦愛國女校及女報。與父齊名。蘇報所延聘記者。有章行嚴汪文溥吳敬恆諸人。均論壇健將。有聲于時。其所以大張旗鼓。實始于壬寅之冬。蓋增入學界風潮一門。大爲東南學界所注目也。癸卯春。報務日益發達。而立論亦漸急激。大爲清吏所嫉視。至五月初旬。租界內已有照會拿人之風說。然蘇報不爲少屈。仍逐日高談殺滿仇滿。有加無已。未幾。遂有閏五月初六日封報捕人之事。

清吏捕人之運動　四五月間。清商約大臣呂海寰已函告蘇撫恩壽。謂上海租界有所謂熱心少年者。在張園聚衆議事。名爲拒法拒俄。實則希圖作亂。請飭將爲首之人密拿嚴辦等語。

蘇撫立飭上海道向各國領事照會拿人。各領事業經簽名許可。而工部局獨不贊成。上海泰晤士報特著論嘉許工部局之能主持公道焉。查呂海寰第一次指名逮捕者。爲蔡元培吳敬恆鈕永建湯槱四人。第二次爲蔡元培陳範馮鏡如章炳麟吳敬恆黃宗仰六人。其所以甘冒大不韙而爲之者。蓋受王之春之囑托。而王則痛恨屢次在張園開會反對王借法兵法款之愛國志士。藉此以爲報復也。字林西報對於此事。記載頗詳。因此被查拿者聞之。多向工部局報明姓名居址。工部局允予特別保護。

蘇報案發生情形　工部局初時對于清吏請求。雖不贊成。後以蘇撫上海道等稱奉清帝諭旨辦理。交涉甚力。卒徇其請。至閏五月初六日。遂由租界分派中西警探多名。赴愛國學社拘拿章炳麟鄒容蔡元培吳敬恆四人。祇捕去章一人。鄒蔡吳均不在校。復有警探一隊到蘇報館拘拿陳範。値陳出外不獲。祇將司賬員程吉甫一名捕去。復到派克路第七百零二號女報館查探。又捕去陳範之子仲彝及女報辦事員錢允生二名。同時復在四馬路捕去龍積之一名。鄒容聞訊。自往租界捕房投到。陳範黃宗仰汪文溥走日本。蔡元培走柏林。吳敬恆走英倫。同時蘇報被封禁。愛國學社亦解散。當事人紛紛逃匿。

會審公廨之審訊　案發後數日。英租界會審公廨始將章鄒程錢陳龍六人提往審訊。承審員爲清知府孫建臣上海縣汪瑤廷及英國副領事迪比南。清政府所延律師爲古柏及哈華托二人。爲章鄒等親友亦延律師博易及瓊司二人代爲抗辯。先由古律師聲稱蘇報館主陳範卽陳錫疇。爲現到案之陳仲彝生父。實主持該館筆政。程吉甫係司賬人。該報汚衊朝廷。大逆不道。其中有與滿人九世深仇。及保護中國不保護滿人之語。甚至本月初五日報中直呼淸帝之名。指爲小醜。初十日論說有四萬萬同胞不共戴天。仇殺滿人及殺盡胡人方罷手等悖逆之詞。某日更謂以四萬萬人殺一人。其餘排滿滅清賊淸胡牝之類。種種逆說。不可枚舉。玆陳範未到。應卽補提。鄒容係革命軍作者。該書主張革命排滿。煽動作亂。無所不至。章炳麟代革命軍作序。又著駁康有爲政見書。詆毁淸帝聖諱。呼爲小醜。立心犯上。罪無可逭。龍積之係漢口富有票案中要犯。應另案辦理云云。遂由淸英讞員一一向各人問供。程吉甫供原籍蘇州。向在蘇報館專管告白。並不與聞編輯事務。陳仲彝供蘇報乃公司。由其父陳範經理。總主筆爲吳稚暉。其父於事發之前。避赴東洋。讞員問曰。爾能代父受罪否。答曰不能。錢允生供本名寶仁。在新馬路女學報館被獲。龍積之供年四十四歲。廣西桂林人。某科優貢。以知縣分發四川。曾領憑到省當差。漢口富口票一案並不知情。鄒容供四川巴縣人。年十九歲。初來滬入廣方言館。後至日本東京留學。因憤滿人專制。故有革命軍之作。今年四五月間請假來滬。聞人言公堂出票拘我。故自到捕房投到。章供杭州人。先曾讀書。後在報館充主筆。戊戌後赴台灣。後由日本赴上海。在亞東時報任筆政。復至誠正學堂當漢文教習。未及數月。又至蘇州東吳大學堂。前年再赴日本。去年回國。今年二月在愛國學社任教習。因見康有爲著書反對革命。袒護滿人。故我作書駁之。此書係托廣東人沙耳公帶往香港轉寄新加坡。未得其回信。所指書中載恬小醜四字觸犯清帝聖諱一語。我祇知清帝乃滿人。不知所謂聖諱。小醜兩字。本作類字或作小孩子解云云。清官因章爲名士。以爲必曾中式。問得自何科。章顧鄒微笑曰。我本滿天飛。何窠之有。蓋故意誤科名爲鳥窠也。會審公廨開訊此案多次。以章鄒二人問題太大。一時未易判决。乃先將無關緊要之陳仲彝程吉甫錢允生三人開釋。其餘龍積之一名。初擬解往湖北訊辦。後以拘押數月。英領事主張從寬辦理。遂准其交保具結釋放。

章鄒案之原告問題　當此案之起也。清政府初要求各國領事將章鄒等六人提歸內地辦理。將得而甘心焉。上海工部局力持反對。謂此租界事。當於租界治之。爲保障租界內居民之生命自由起見。决不可不維持吾外人之治外法權。清政府以交涉無効。乃轉求駐京各國公使。各公使謂此事領事主之。吾人不能侵其權限。亦却其請。於是此案遂歸會審公廨訊理。初訊時。清政府律師古柏因此案原告人名義問題未解決。聲稱現有交涉事件未妥。請求延期。章鄒等律師博易反對之。謂古律師所求。不應照准。所云交涉事件。究與何人交涉。不妨說明。況公共租界章程。界內之事。應歸公廨訊理。現在原告究係何人。其爲北京政府耶。抑江蘇巡撫耶。上海道台耶。請明白宣示。讞員孫建臣謂章鄒等犯係奉旨著江蘇巡撫飭令拘拏。本分府惟有遵奉上憲札諭行事而已。遂將札文出示。博律師乃得意言曰。以堂堂中國政府。乃訟私人於屬下之低級法庭。而受其裁判乎。孫讞員不能答。博律師又稱政府律師如不能指出章鄒等人所犯何罪。又不能指明交涉之事。應請將此案立卽註銷。古律師稱此案案由最爲明白。仍俟政府將交涉事件議妥。然後訂期會訊可也。中西官乃准其請。按此案之特點有二。一清帝爲此案之原告人。實爲朝廷與人民涉訟之始。二則政府降尊向所屬之下級法廷控告平民。均清朝以來所未有也。然工部局之能力拒清廷所求。則以租界事權操諸英人。英律保護政治犯最嚴。故爲維持其治外法權計。當然有此結果。否則雖有千百章鄒。恐皆不免膏於清吏斧鉞之下也。

章鄒案之判決　此案研訊多次。經雙方律師種種辯駁。遷延數月。中西讞員均以關係重大。不敢判決。因將一切案由移交北京。由外務部與各國公使直接辦理。以區區一租界內之政治犯事件。竟成國際上最重要之問題。亦異聞也。惟外務部與使館間亦延擱多日。迄未解決。於是被告方面乃聲稱章鄒等不得罪名。久繫囹圄。在法律及人道均屬不合。要求立將控案註銷。故是時滬上忽有釋放章鄒之風說。因是外務部深恐此案有勞無功。遂允採納英使館意見。從寬辦結。卒判決章監禁三年。鄒監禁二年。由上海會審公廨宣告結果。此驚天動地之大案遂告一結束焉。鄒於出獄前一月病死。章在獄中常爲香港中國日報撰著論文。世人覩之如獲拱璧。至丙午年期滿出獄。同盟會派代表龔鍊百等迎至東京。爲民報主任。

各地學界之繼起　當中國教育會盛時。江蘇常熟及吳江之同里。均設有支部。常熟支部創辦塔後小學。主持者爲丁初我徐覺我殷次伊等。同里支部創辦自治學社。主持者爲金天翮等。及蘇報獄起。殷次伊憤懣自殺。塔後小學即停頓。自治學社則延林蠣教授兵操。柳棄疾陶賡熊等皆參預其事。猶支持至三年之久然後改組焉。同時金天翮復組織明華女校。略仿愛國女校。成績頗著。愛國學社既解散。中國教育會乃遷其機關部於碩果僅存之愛國女學校。由四明鍾憲鬯吳縣王季烈武進蔣維喬諸人維持之。然後此亦不能有所活動。海上革命運動至是遂受一大頓挫。繼愛國學社而起者有麗澤學校。主持者爲上海劉季平（後更名劉三）劉東海（季平從兄）吳江費公熙無錫秦毓鎏諸人。校址在上海華徑鄉。即劉季平所居宅也。尋以事解散。其殘留之學生一部改組爲青年學社。校址在上海新閘路。此甲辰年春間事也。此外異軍特起者。蘇州有吳中公學社。杭州有兩浙公學社。規模悉仿愛國。顧命運不長。旋起旋蹶。青年學社於萬福華行刺王之春一案橫被牽涉。卒被封閉。

出版物及宣傳家　癸卯甲辰乙巳三年間。留日學界之革命出版物風起雲湧。如江蘇浙江潮漢聲直言遊學譯篇鵑聲醒獅二十世紀之支那等等。皆以上海爲尾閭。有志者競設書局。如鏡今書局東大陸圖書局國學社等均是也。而其中搖旗吶喊之宣傳家。則首推徐敬吾與其女寶姒。時人以徐嘗撰野雞花榜揭櫫小報。遂錫以野鷄大王之徽號焉。徐專以出售革命書報爲業。每星期日常假味蒓園開會演說革命。海上耳目爲之震駭。章太炎嘗戲爲梁山點將錄。以鼓上蚤時遷目之。寶姒亦有辯才。徐之得力助手也。南洋公學退學生之組織愛國公學。亦以徐奔走之力爲多。以是大爲清吏所忌。卒被誘致江甯。欲藉以羅織黨獄。結果徐以立功自贖之名義釋放返滬。諸同志對之頗有戒心焉。然徐自後亦無如何特殊舉動也。其時上海各書局除代售留學界出版物外。頗多自行編印之著作。如黃帝魂。蘇報案紀事。國民日日報彙編。以及章士釗之蕩虜叢書（有孫逸仙沈藎等書假名爲黃中黃作）。劉光漢之攘書。中國民族志。陳去病之淸祕史。陸沈叢書。金天翮之女界鐘。自由血。三十三年落花夢。蘇元瑛之慘世界等

○不下百數十種○其以創辦書局而破產者○則有鏡今書局主人泰州陳競全○後抑鬱以死○與鄒容同葬華涇鄉○即劉季平所捐地也○

鄒容

國民日日報與警鐘報

蘇報被封後○上海志士章行嚴何靡施張繼盧和生等旋於癸卯年十月有國民日日報之組織○其宗旨與蘇報同○而規模則尤過之○出版未久○風行一時○旋以內部發生問題○竟致涉訟○該報遂亦停刊○香港中國日報總理陳少白因同黨內鬨○有礙大局○特親至上海設法和解○復有葉瀾蔣鏡如王慕陶連夢青諸人奔走調處○卒由雙方各允息事而止○然國民日日報自是竟無復版之望○次年冬俄滿風潮甚亟○時蔡元培已歸國○因與同志發起俄事

警聞。旋改爲警鐘日報。實繼承蘇報與國民日日報之統系。主筆政者爲儀徵劉師培（光漢）侯官林獬（白水）吳江陳去病（佩忍）及林獬女弟宗素等。林獬別創中國白話報。去病別創二十世紀大舞台雜誌。咸以鼓吹革命爲己任。至乙巳正月。警鐘報復被淸吏封禁。青年學社大舞台雜誌中國白話報均先後不免。海上革命運動此爲第二頓挫。

第十七章　癸卯周雲祥臨安之役

保滇會與周雲祥　清吏之激變　臨安之佔領　雲祥之抱負

保滇會與周雲祥　雲南五金諸礦。遍地皆是。西通緬甸。鄰于英。南接越南。逼于法。自清政府與法立約。許不將雲南讓與他人。於是滇省遂爲法蘭西之勢力範圍。滇人之有志者恥之。恨清政府以土地許人。因而有逐滿自立。以保土地主權之志。一切預備已有年矣。自保滇會設立後。講求實學。士氣日昌。自立黨首領周雲祥。年二十有四。深通韜略。尤講求體育。身軀雄偉。膂力過人。其先世以礦業起家。基業既富。雲祥復善于經營。豪俠好義。有志之士多歸之。其所營錫礦。平時多購軍械。設義勇。以爲捍衛。雲祥陰蓄大志。久思利用之。故防衛頗稱鞏固。

清吏之激變　蒙自縣令孫某者。貪殘之民賊也。前曾擄富商楊士元。勒贖不遂。殺之。繼又欲逮捕周雲祥。以塡其慾壑。癸卯（清光緒二十九年）四月十八日。會同防營督帶麥四率隊三百餘人赴錫廠。以繳軍械爲名。思得雲祥而甘心。詎雲祥預得消息。設伏以待。孫麥甫到。義勇四起。轟斃清兵二百餘名。哨弁二名。麥四爲飛彈所中。受傷甚重。雲祥獲其快鎗百餘桿。

孫見勢不佳。急命軍士焚燒良民廬舍。乘勢鼠竄回縣。閉城堅守。旋電請蠻耗續備左翼軍黃鳳圖移兵赴援。復被義勇中途邀擊。斃清兵數十名。孫羞怒。乃電建水縣羅押雲祥之母以洩憤。

臨安之佔領　雲祥矢念復仇。更號召志士。共圖大舉。本擬先取蒙自。以其地多外人居留。恐傷之。乃率所部義勇。用聲東擊西之法。名攻蒙自。暗襲臨安。陷之。知府黨蒙倉皇失措。自戕以徇。該府爲著名白銅礦地。黨軍與礦工聯絡一氣。即以礦山爲大營。以礦產爲餉源。雲祥令其戚黃顯忠襲石屏州。清吏無備。唾手而得。即分兵攻取阿迷州甯州各城。皆下之。黨軍乃向東進直達廣西邊境。所過秋毫無犯。四民樂業。商旅不驚。以故有某清軍開隊往攻。沿路良民數萬爲之呼寃。清軍竟不得行。時滇督丁振鐸有電清廷。謂臨安府最佔地利。曩日苗匪首領馬如倫率衆二十萬人圍攻。猶未被陷。今竟爲土匪渠魁周雲祥率衆攻陷。其勢之猖獗。從可推知等語。然義軍究因勢力薄弱。又孤立無援。以致終敗于清軍。城池次第收復。雲祥遂匿跡鄉間。韜晦以終。

雲祥之抱負　雲祥少有奇志。不求仕進。是年四月初旬。有革命黨員某到錫廠演說獨立自強之說。贈雲祥以革命新書多種。囑以外交歐美。內逐滿人。故其舉兵發難。一依文明軍律。聞雲祥嘗讀新廣東一書畢。啞然笑曰。兩廣人羊質虎皮。焉能幹此偉大事業。揭獨立旗。擊自由鐘。當今之世。舍我其誰云云。其自負如此。戊申河口一役。駐越南革命黨機關部事前派員與之聯絡。約以在臨安附近響應。雲祥極力贊成。後以義師失敗。遂不克如期發動云。

第十八章　癸卯東京革命軍事學校

中山與留學界　日野與軍事學校　校內之規制及學科　解散之原因

中山與留學界　癸卯年上海蘇報案發生後。中山自越南河內至日本橫濱。與商人廖翼朋同居。時馮自由任香港中國日報駐東記者。往還至密。湘人陳範陳擷芬蘇人黃中央（烏目山僧）均因蘇報案逃日。此外留學生馬君武劉成禺楊度程家檉李自重桂少偉盧少岐李錫青伍嘉杰楊守仁胡毅生葉瀾及僑商黎煥墀張果陳才等常來往東京橫濱間。日訪中山。高談革命。馮自由等更募資合印章炳麟駁康有為政見書鄒容革命軍十萬冊。分寄海內外各處。以廣宣傳。

日野與軍事學校　是時留學界有一至困難之問題。蓋駐日清公使曾向日政府交涉。凡留學生有抱革命排滿思想者。即革其官費。禁止學習陸軍。中國學生肄業兵事者。僅一振武學校。入校資格以官費學生為限。因是私費學生之有志兵事者。皆無從問津。各懷失望。以中山於日本軍界交遊至廣。因就商焉。中山有日友日野少佐者。有名之軍事學家也。於最新式之南非洲波亞人戰術。素有研究。曾發明日本式之盒子砲及木砲。極為日本軍界所推重。因與中山同研究波亞散兵戰術。遂成知己。中山乃與籌劃訓練中國同志以軍事教育之法。日野願悉力以助。且允約友人担任教師。中山大喜。遂組織革命軍事學校于東京青山附近。因防日政府干涉。一切規制。概取祕密主義。

校內規制及學科　第一期報名入校者。得李錫靑桂少偉李自重胡毅生伍嘉杰黎勇錫（仲實）郭健霄盧少岐盧牟泰區金鈞劉維燾饒景華雍浩鄭憲成等十四人。除雍鄭爲閩籍外。皆粵人也。諸生皆自費。獨桂胡二生由衆供給之。校長爲日野少佐。教務長爲小室上尉。卽後來專教留學生製造炸彈炸藥之小室也。規定學期八個月。學科有普通兵事學及製造盒子砲木砲各種火藥等門。尤注重波亞式散兵戰法。及以寡敵衆之夜襲法。入校時。諸生須宣誓服從革命黨首領及本校規則。尤須保守祕密。儀式異常鄭重。然不久漸爲外界所知。咸稱該校爲東京之梁山泊焉。

解散之原因　開校一月。中山旋有美洲之遊。校外事務概付託馮自由管理。諸生勤學好問。頗爲日教員所嘉許。及五月後。學生等各樹派別。風潮迭起。翁浩鄭憲成率先自行退學。無何。劉維燾饒景華亦退學。於是內鬨益甚。經中立者多方斡旋。卒無效果。不得已宣布解散。翁鄭歸閩。劉饒設法改入振武學校。盧少岐留學英倫。盧牟泰李自重郭健霄李錫靑伍嘉杰桂少偉返粵。錫靑嘉杰少偉先後去世。留日者惟劉饒及胡毅生區金鈞黎勇錫五人而已。時中山方遊美國。得馮自由詳報該校解散始末。爲之慨嘆不置。

第十九章　甲辰孫中山歐美之遊

檀島黨報之創辦　大同日報之改組　洪門總註册之成績　中山之對外宣言

檀島黨報之創辦　甲辰春中山作第二次歐美之遊。瀕行以駐日黨務托馮自由。家事托橫濱山下町九番法國郵船公司買辦黎煥墀。初抵檀香山正埠。該處本屬興中會之發源地。惟其時保皇會勢力方盛。康徒陳繼儼在其機關之新中國報。排斥革命。異常劇烈。革命黨無如之何。時有舊式館名檀山新報者。又號隆記日報。原爲中山戚屬程蔚南所辦。以筆政乏人。毫無精彩。中山乃使改組黨報。親爲撰著論文。向保皇報大加撻伐。革黨陣壘爲之一新。同時復函托馮自由。使代聘香港中國日報記者陳詩仲赴檀主持筆政。由程蔚南匯給陳旅費四百元。陳以被阻於駐香港美國領事。卒不果行。其後檀山新報改組爲民生日報。聘張澤黎爲記者。與保皇報主筆陳繼儼梁文興大開筆戰。檀島之有革命黨機關報。蓋自此始。

大同日報之改組　中山鑒於保皇黨勢之日盛。自覺非聯絡洪門。不足以增加勢力。乃從其舅氏楊文納之勸告。毅然加入致公堂團體。及抵舊金山。保皇會果嗾使同黨之稅關譯員阻中出登岸。被留烟治埃倫木屋者一日。幸賴美國致公總堂總理黃三德大同日報總理唐瓊昌之助。以五千元保出候訊。時主持大同日報筆政者爲康徒歐榘甲。因有反對中山之文字。爲致公堂所逐。中山乃薦馮自由任該報駐東記者。并托馮代物色主筆。馮初薦桂人馬君武。馬以事辭。繼聘鄂人劉成禺。劉瀕行。恐登岸時見阻於保皇會。乃求上海時報主人翟楚青向保皇會介紹接待。保皇會以劉持學生護照赴美。不之疑。劉遂得以安然上陸。大同日報自劉到後。革命橫議。鼓盪全美。華僑受其感化者日衆。

洪門總註册之成績　當劉成禺至舊金山時。中山已偕黃三德出遊各埠。鼓吹洪門總註册事。蓋美州華僑屬致公堂黨籍者佔十之九。除舊金山總堂外。各埠設立分堂者。尚有百數十處。惟各分堂對於總堂。向少聯絡。團體日渙。威信漸失。加以洪門重要職員多染康梁餘毒。渾忘却反淸復明之本來面目。中山有鑒於此。以爲固結團體。非重新舉行登記不可。乃提倡洪門總註册之議。并手訂致公堂新章規程八十條如左。

致公堂重訂新章要義

原夫致公堂之設。由來已久。本愛國保種之心。立興漢復仇之志。聯盟結義。聲應氣求。民族主義賴之而昌。祕密社會因之日盛。早已遍布於十八省與及五洲各國。凡華人所到之地。莫不有之。而尤以美國爲隆盛。蓋居於平等自由之域　共和民政之邦。結會聯盟。皆無所禁。此洪門之發達。固其宜矣。惟是向章太舊。每多不合時宜。維持乏人。間有未愜衆意。故有散漫四方。未能聯絡一氣。以成一極強極大之團體。誠爲憾事。近且有背盟負義。趨入歧途。倒戈相向者。則更爲痛恨也。若不亟圖振作。發奮有爲。則洪門大義必將淪墜矣。有心人憂之。於是謀議改良。力圖進步。重訂新章。選舉賢能。以整頓堂務。而維繫人心。夫力分則弱。力合則強。衆志可以成城。此合羣團體之可貴也。我堂同人之在美國者。不下數萬餘人。向以散居各埠。人自爲謀。無所統一。故在平時則消息少通有事則呼應不靈。以此之故。爲外人所輕藐所欺陵者。所在多有。此改良章程維持堂務所宜急也。且同人之旅居是邦。或工或商。各執其業。本可相安無事。但常以異鄉作客。人地生疎。言語不通。風俗不同。入國不知其禁。無心而偶干法紀者有之矣。又或天災橫禍。疾病顚連。無朋友親屬之可依。而流離失所者。亦有之矣。其餘種種意外危虞。筆難盡述。語有之曰。人無千日好。花無百日紅。若無同志來相維護。以相賙恤。一旦遇事。孤掌難鳴。束手無策。此時此境。情何以堪。此聯合大羣。團集大力。以捍禦禍害。賙恤同人。實爲本堂義務之不可缺者一也。本堂人數既爲美洲華人社會之冠。則本堂之功業。亦當駕於羣衆。方足副本堂之名譽也。乃向皆泄泄沓沓。無大可爲。此又何也。以徒有可爲之資。而未有可爲之法。故雖欲振作而無由也。今幸遇愛國志士孫逸仙先生來遊美洲。本堂請同黃三德大佬往遊各埠。演說洪門宗旨。發揮中國時事。各埠同人始如大夢初覺。因知中國前途。吾黨實有其責。先生更代訂立章程。指示辦法。以爲津導。我旅美同人可以乘時而興矣。況當今爲爭競生存之時代。天下列强高倡帝國主義。莫不以開疆闢土爲心。五洲土地已盡爲白種所併吞。今所存者。僅亞東之日本與淸國耳。而淸國則世人已目之爲病夫矣。其國勢積弱。疆宇日蹙。今滿洲爲其祖宗發祥之地。陵寢所在之鄕。猶不能自保。而謂其能長有我中國乎。此必無之理也。我漢族四萬萬人豈甘長受滿人之羈軛乎。今之時代。不競爭則無以生存。此安南印度之所以滅也。惟競爭獨立。此美國日本之所以興也。當此淸運已終之時。正漢人光復之候。近來各省風潮日漲。革命志士日多。則天意人心之所向。吾黨以順天行道爲念。今當應時而作。不可失此千載一時之機也。此聯合大羣。團集大力。以圖光復祖國。拯救同胞。實爲本堂義務之不可缺者二也。中國之見滅于滿淸。二百六十餘年。而莫能恢復者。初非滿人能滅之能有之也。因有漢奸以作虎倀。殘同胞而媚異種。始有吳三桂洪承疇以作俑。繼有曾國藩左宗棠以爲厲。今又有所謂倡維新談立憲之漢奸。以推波助瀾。專尊滿人而抑漢族。假公濟私。騙財肥己。官爵也。銀行也。鉄路也。礦務也。商務也。學堂也。皆所以餌人之具。自欺欺人者也。本堂洞悉其隱。不肯附和。遂大觸彼黨之忌。今値本堂舉行聯絡之初。彼便百端誣謗。含血噴人。蓋恐本堂聯絡一成。則彼黨自然瓦解。而其所奉爲君父之滿賊。亦必然覆滅。則彼漢奸滿奴之職。無主可供也。其喪心病狂。罪大惡極。可勝誅哉。凡吾漢族同胞。非食其肉。寢其皮，何以伸此公憤。而挫茲敗類也。本堂雖疲駑。亦必當仁不讓。不使此謬種流傳。遺害於漢族也。此聯合大羣。團集大力。以先清內奸而後除異種。實爲本堂義務之不可缺者三也。今特聯絡團體。舉行新章。必當先行註册。統計本堂人數之多少。以便公舉人員。接理堂務。必註册者然後有公舉之權。有應享之利。此乃本堂苦心爲大衆謀公益起見。法至良。意至美。凡我同人。幸勿爲謠言所惑。遲疑觀望。自失其權利可也。今特將重訂新章。先行刊布。俾各埠週知參酌妥善。待至註册告竣之日。然後隨各埠公舉議員。擇期在本大埠會議。決奪施行。望各埠堂友同心協力。踴躍向前。以成此舉。同人幸甚。漢人幸甚。

謹將重訂新章條款詳列呈覽

第一章綱領

一本堂名曰致公堂總堂。設在金山大埠。支堂分設各埠。前有名目不同者。今概改正。名曰致公堂。以昭劃一。

二本堂以驅除韃虜。恢復中華。創立民國。平均地權爲宗旨。

三本堂以協力助成祖國同志施行宗旨爲目的。

四凡國人所立各會黨。其宗旨與本堂相同者。本堂當認作益友。互相提攜。其宗旨與本堂相反者。本堂當視爲公敵。不得附和。

五凡各埠堂友須一律註册報名於大埠總堂。方能享受總堂一切之權利。

六凡新進堂友須遵守洪門香主陳近南遺訓。行禮入闈。

七所有堂友無論新舊。其有才德出衆者。皆能受衆公舉。以當本堂各職。

八本堂公舉總理一名。協理一名。管銀一名。核數一名。議員若干名。（以上百人公舉一名）

九本堂設立華文書記若干名。西文書記若干名。委員若干名。幹事若干名。以上各人。皆由總理委任。悉歸總理節制。

十本堂設立公正判事員三名。公正陪審員廿名。皆由總理委任。但不受總理節制。

十一總理協理以四年爲一任。管銀核數一年爲一任。議員由初舉時執籌。分作三班。第一班一年爲一任。滿期照數選人補充。或再舉留任。第二班兩年爲一任。滿期選補。第三班三年爲一任。滿期補充。如是議員之中常有三分之二爲熟手之人。

十二判事員爲長久之任。若非失職及自行告退。不能易人。判事陪員分兩班。第一班一年爲一任。任滿由總理擇人充補。第二班兩年爲一任。滿期擇人充補如之。

十三各埠支堂當舉總理一名。書記一名。管銀一名。核數一名。值理若干名。皆由堂友公舉。呈名於總堂總理批准。方能任事。如所舉非人。總理有權廢之。堂友當另行再舉妥人。

十四各埠支堂堂友可隨地所宜議立專規。以維持堂務。然必當先呈總堂議員鑒定。總理批准。方得施行。

十五各埠新立香主。必經總堂議員議決。總理批准。方能領牌受職。該埠叔父職員等必先查明該新香主品行端正。堪爲表率者。方可聯保。至領牌受職之後。凡放新丁一名。須繳回本堂底票銀二元。如未經議准領牌。竟欲開檯。該處叔父職員等切勿徇庇。并帶新丁入閘。如有不守堂規。或不領牌。或不繳交底銀。一經查出。定將名號革除。并追回票牌等件。

十六凡公舉人員之期。皆以每年新正爲定。

十七議員議事必要人數若干。方爲足額。乃能决事。

（下略）

中山預計此新章如能實行。則凡洪門會員皆須一律繳納註册費。全美致公堂會友逾十萬人。此項收入爲數不貲。大可供給內地革命軍之用。此議經舊金山總堂贊成。并推舉中山及黃三德遍游南北東西百數十埠。到處勸告洪門人士。實行反清復明之宗旨。并提倡總註册之利益。然當時保皇分會林立于各埠。致公堂職員誤入歧途者。實繁有徒。中山雖苦心孤詣。舌敝唇焦。而各分堂對於總註册事。大都陽奉陰違。延不舉辦。中山奔走數月。收效絕少。遂委其事于黃三德。而有歐洲之行。

中山之對外宣言　中山至紐約時。與留美學生王寵惠陳錦濤等數相過從。嘗自撰一告歐美人書。題曰中國問題之眞解决。The true solution of Chinese question 此文之成。頗得王寵惠之助。東京日文革命評論及香港中國日報嘗譯載之。革命黨對外宣言之公佈。此爲第一次。

第二十章　革命黨與洪門會黨之關係

洪門之源流及派別　洪門之祕密記號　致公堂與保皇黨　革命黨與哥老會　致公堂與孫中山　橫濱之三點會　加拿大致公堂之殊勛　與革命無關之洪門團體

洪門之源流及派別　洪門即天地會。三合哥老兩會皆其支派。三合會又稱三點會。在海外或稱洪順堂及義興會。在美洲則通稱致公堂。檀香山菲律賓澳洲亦有稱致公堂者。是會始創於清初康熙時代。其時距明亡未久。明之忠臣烈士再三力圖匡復。誓不臣清。前仆後繼。卒難挽回世運。二三遺老以清祚已固。興復大業。非一時所能收效。乃欲以種族思想流傳後人。特創設一種祕密團體。爲傳播此種思想之導線。是即洪門團體之所由起也。其宗旨爲反清復明。洪門人士將清字減去頭上之主字寫作氵月。滿洲之滿字亦作氵兩。即爲廢滅清主之表示。據洪門祕冊所載。始創天地會者。爲朱洪竺陳近南萬大洪諸人。疑即鄭成功張煌言等之假托。其發源地爲福建少林寺。所稱五祖之第一祖亦產於福建。則鄭張假托之說。當有可信。又祕冊所載少林寺僧奉清帝康熙命掛帥出征。戰勝回朝。爲奸臣所害。清帝復派兵燬少林寺。

僧衆逃生者寥寥。遂由軍師陳近南創設天地會。潛植勢力。以謀復仇。分五路組織支會。是爲五祖云。似皆喻言也。

洪門之祕密記號　三合哥老雖同出一系。然其口號暗語各不相同。本書與哥老會關係尙淺。故所述僅以三合會爲限。三合會之口號暗語。多以鄙俚粗俗之言表之。如會長曰大佬。（猶哥老會之稱龍頭）主盟人曰老母。介紹人曰舅父。首領曰洪棍。參謀曰紙扇。幹事曰草鞋。祕册曰衫仔（哥老會謂之海底）殺人曰洗身。洗澡曰冲凉。割耳曰取順風。發誓曰斬雞頭。偵探曰風仔。作奸細曰穿花紅鞋。（此與哥老會同）吃飯曰耕沙。皆最普通者也。其所以故作鄙俚之原因。實由于創設此種祕密團體之本意。專注重於中等以下之社會。蓋上等社會所謂士大夫之類。多與官吏接近。而官吏固無一不充滿族爪牙。而不利於漢人者。因是故作下流粗俗之口語。使一般士大夫聞而生厭。避之若浼。而後其根株乃能保存。而潛滋暗長於異族專制政府之下也。又拜會結盟號曰演戲。戲劇分桃園結義橋邊相會中堂教子斬奸定國四幕。祕册所載戲劇及七言詩。一一由大佬先鋒等背誦無遺。琅琅可聽。斬奸又稱斬七。蓋少林寺之慘遭滿虜毒手。乃由奸人馬七之告密。故洪門最惡七字。凡遇七字皆以吉字代之。斬奸時預製一馬吉人形。各口出毒誓。以刀斬之。儀式莊嚴。令人不寒而慄。又其團體異常固結。會章以手足相顧。患難相扶爲要旨。凡屬同志皆稱手足。遇路人有相鬥者。每遇暗號。莫不爭先協助。惟恐不力。二百年來。種族思想之表現。漸漸有名無實。獨於患難相扶之義。則久而益彰。而海外華僑之加盟者。且較內地尤盛。殆亦團體觀念使然。

致公堂與保皇黨　旅美華僑之洪門團體號致公堂。總部設於舊金山大埠。他如紐約芝加古波士頓聖雷士羅省費城砵崙舍路等百數十埠。皆設分堂。凡有華僑駐在之地。無處不有之。咸隸屬於舊金山。華僑列籍堂內者。佔十分之八九。其在大埠者。未入洪門尚可謀生。若在小埠。則非屬致公堂會員。輒受排擠。故勢力偉大。爲各團體冠。攷其歷史。最初由廣東三合會首領因避清廷摧殘。亡命海外。遂組織致公堂以資聯絡。其後太平天國失敗。洪秀全陳金剛諸部將亦多遠托美洲。重張旗鼓。然久而久之。故老凋謝。面目漸非。洪門人士能了解宗旨者。百不得一。此中山丙申年初次遊美。所以不能收寸效也。戊戌政變後。康有爲挾其衣帶詔之聲威。於己亥歲渡美。初發起保救大清光緒皇帝會於英屬加拿大。華僑以其身受清帝之殊寵。多豔羨之。由是保皇會所遍設於北美各埠。康徒徐勤梁啓田歐榘甲陳繼儼等知洪門大可利用。乃先後投身致公堂黨籍。以聯絡彼中之有力者。洪門中人不知其詐。多爲所愚。因此而跨入保皇會籍者。比比然也。其後歐榘甲更運動致公堂幹事唐瓊昌創設大同報於舊金山。爲洪門黨報出版之嚆矢。歐初自號太平洋客。大倡廣東獨立及排滿之說。頗受世人歡迎。及爲康有爲痛責。乃論調一變。轉而歌頌天王聖明。排斥民族主義。以反清復明之洪門黨報。而作此矛盾之論調。亦異聞也。

革命黨與哥老會　興中會員與哥老會關係最深者爲湖南人畢永年。庚子漢口之役。哥老會諸頭目多爲唐才常林圭所用。畢介紹之力也。畢於己亥年嘗偕日人平山周漫遊漢口長沙瀏陽衡州各地。結識哥老會頭目李雲彪楊鴻鈞張堯卿李堃山辜天佑師襄諸人。發揮興中會之宗旨。及孫中山之生平。欲使哥老會與興中會聯合倒滿。李楊等頗爲所動。是年冬。畢偕哥老會頭目七人抵香港。實行興中三合哥老三會合併事。仍稱興中會。公推孫中山爲總會長。與議者有陳少白楊衢雲史堅如畢永年宮崎李雲彪楊鴻鈞辜鴻思張堯卿李堃山鄭士良等十餘人。議定綱領三則。歃血爲盟。鑄印章上諸中山。無何李雲彪等以興中會供給不周。未滿所欲。適康有爲自南洋至港。欲因以爲用。贈李等各百金。李等以康富有。遂與發生關係。畢責以大義。無效。乃憤然作厭世想。竟投浙江普陀。削髮爲僧。李等後助唐才常經營漢口發難事件。未幾亦以索資不遂。宣告分裂。此哥老會參加近年中國革命歷史之大略也。及甲辰年。黃興劉揆一在湘運動革命。以哥老會龍頭馬福益之力爲多。馬爲人忠誠好義。遠非李楊諸人所及。甲辰敗後。次年祕密回湘。圖再舉。卒爲端方所害。哥老會員之能始終貫澈其宗旨者。馬可謂當之無愧。

致公堂與孫中山　洪門向稱黨外人爲風仔。凡非黨員。概以風馬牛視之。乙未以前興中會要人屬洪門黨籍者。僅鄭士良尤烈等一二人。己亥庚子間。三合哥老兩會首領雖有推尊中山爲總會長之舉。然僅屬洪門一部之特殊動作。究仍有涇渭之分。丙申中山初次渡美。洪門人士無助之者。卽以其非同盟手足也。甲辰中山至檀香山。知非列籍洪門。不足以聯絡多數之同志。始毅然加入致公堂。是日拜盟者六十餘人。由主盟員封中山爲洪棍焉。同年中山自檀渡美。舊金山稅關華人譯員多隸保皇會籍。銜黨首命。向美國稅關長搖舌。謂中山所持護照爲僞做。於是中山被阻於船上者一夜。次日移送安琪兒島之候審所。復被困於木屋者逾日。先是舊金山致公堂得檀香山致公堂電。謂孫大哥於某日搭某輪來美。囑鄭重接待。致公堂大佬黃三德及大同日報司理唐瓊昌等前往接船。知被保皇黨暗算。乃延律師那文。以五千元向稅關保出候訊。幷致電華盛頓政府抗爭。中山旣出木屋。大受洪門歡迎。蓋洪門例稱會起兵抗滿者爲大哥。中山旣入其黨籍。則爲大哥者當然受此殊禮。與丙申年初次到美時情形大異矣。致公堂以保皇黨勾結關員。阻中山登岸。大爲憤激。適康梁甲方主大同報筆政。亦有排中山言論。黃三德唐瓊昌乃免除歐職。請中山薦同志承乏。中山薦馮自由爲該報駐日記者。幷托馮物色總編輯一人。馮初薦馬君武。馬以事辭。乃改薦劉成禺。及劉抵美。而該報之旌旗一變。自是洪門之宗旨始得發揚於北美。大同報之力也。中山以旅美致公堂會員至衆。惟團體散渙。主張分歧。不能爲祖國革命之助。乃提出舉行洪門會員總註冊之議。幷代撰致公堂新章規程八十條。此新章如能實行。則於革命實力之增加。非常偉大。蓋旅美華僑掛名致公堂者逾十萬人。以每人須繳納註冊費美金二元之數算之。總額可得華銀數十萬。革命黨得此巨資。則滿政府運命之危險。不待言矣。致公總堂職員對中山提議。極端贊成。遂推舉中山及黃三德二人遊埠演說。提倡註冊。于是中山等周遊美國南北百數十埠。歷時數閱月。各埠致公堂職員出而贊助者。有紐約之雷月池黃溪記。波士頓之梅宗炯。羅省之楊廷光呂統積。山的古之譚溢明。紐柯連之陳秋譜。美疏勒之黃煖家諸人。然是時保皇會所遍佈各地。洪門人士入其圈套者。實居多數。中山雖慘憺經營。煞費唇舌。而報名註冊者。寥寥無幾。僅爲他日再來時闢一新途徑而已。

橫濱之三點會　此外革命黨員之列籍洪門者。亦不乏人。陳少白在香港入三點會。被封爲紙扇。林述唐黃克强在湘鄂入哥老會。被封爲龍頭。此其尤著者。甲辰某月駱觀明梁慕光張續等在日本橫濱發起三合會。留日學生加入者。絡繹不絕。第一次拜盟者。有馮自由胡毅生李自平陳湘芬廖翼朋五人。第二次有劉道一秋瑾劉復權彭春陽等二十餘人。蓋當時留學生多認聯絡會黨爲運動革命之捷徑也。

加拿大致公堂之殊勳　庚戌廣州新軍一役失敗後。馮自由應英屬加拿大雲高華埠大漢日報之聘。主持筆政。革命黨到加拿大者。馮爲第一人。該報爲加屬致公堂之言論機關。馮以洪門黨員之資格。大受各埠華僑歡迎。是年冬。馮得中山電。令急籌餉備廣州舉事之需。乃周遊各埠演說募款。捐資者異常踴躍。域多利及都朗度兩埠致公堂慨然變產助餉。爲洪門空前之創舉。計是次捐款約七八萬元。佔黃花崗一役用款之半數。倘馮非隸洪門黨籍。決難收此良好之效果。蓋洪門人士門戶之見極嚴。其排滿之宗旨雖與同盟會相同。然常卑視洪門以外之革命黨爲後輩。馮深知彼中情形。故到加拿大後。絕不談同盟會組織事。以避猜忌。加屬各埠有致公堂數十處。域多利爲名義上總部。雲高華爲事實上總部。兩埠發生職權上之糾紛已久。賴馮從中排解。卒能消弭于無形。域埠致公堂後能變產助餉。實以此故。馮於將離加拿大時。始在雲高華域多利等處發起同盟會支部。

與革命無關之洪門團體　除美國及加拿大外。各地洪門團體曾爲革命盡力者。有檀香山墨西哥澳洲等處之致公堂。澳洲雪梨金山致公堂有機關報曰民國報。提倡革命。頗著勞績。菲律賓亦有致公堂。但與革命黨向無關係。南洋英荷兩屬及越南暹羅緬甸等處之義興會團體。星羅棋布。會員較南北美尤盛。惟以地方政府取締過嚴。遂致全失本來面目。同盟會歷年運動。向以南洋爲大本營。獨不能得義興會之助。故謂南洋洪門團體與革命無關。亦無不可。

第二十一章　甲辰馬福益長沙之役

禁止愛國之反感　黃軫與劉揆一　最初之籌備　華興會與同仇會
起事之策略　黨人之出險

禁止愛國之反感　癸卯（清光緒二十九年）四月。留日學生爲反抗俄人侵佔東三省事。組織軍國民教育會于東京。以清政府懦弱無能。甘心賣國　乃派鈕永建湯槱二人回國。謁直督袁世凱。請願出師拒俄。留學生願爲前驅。袁不納。且將不利于二代表。鈕等狼狽他日復命。留學生聞之。非常憤慨。前此希望清廷維新變法者。至是多萌革命之想。獨軍國民教育會幹事滿洲人長福湖北人王璟芳。竟攜該會會員名冊詣北京向清政府告密。各得厚賞。由是凡列籍該會者。咸慄慄自危。革命思潮遂駸駸乎有一日千里之勢。

黃軫與劉揆一　是時留學界中有湖南善化人黃軫。號近午。後改名興。別字克強。湖北兩湖書院學生。而梁鼎芬之高足弟子也。少有大志。以官費渡日。在宏文書院肄業速成師範。軍國民教育會成立時。爲會中發起人之一。聞清廷媚俄事敵。義憤塡膺。遂聯絡同志回國大舉革命。初與同鄉劉揆一楊篤生徐佛蘇諸人。于甲辰春發起華興會。爲革命機關。湘籍留學生加入者頗不乏人。其對于革命運動方法。仍取法唐才常林圭。擬專從聯絡哥老會入手。以劉揆一昔年在鄉。曾由哥老會行堂謝壽祺之介紹。獲交于大龍頭馬福益。故力邀劉回湘協同進行。劉衡山人、係宏文書院第二屆速成師範生。畢業後。遂與黃聯袂返國開始活動。

最初之籌備　當唐才常運動哥老會時代。哥老會最有力之大龍頭爲王四脚猪。又號王四爵主。其勢力由兩湖達于鎮江。王死于庚子一役。馬福益襲其位。劉揆一于東渡前曾一度解其危困。故與發生關係。黃劉返湘後。運動益力。同志陳天華章行嚴譚人鳳劉道一蕭堃柳繼貞宋教仁胡瑛柳聘儂諸人各分途進行。黃設明德學堂于長沙北門正街。聘直隸人張繼福建人翁鞏江蘇人秦毓鎏爲教員。皆同志也。又設東文講習所于小吳門正街。爲運動總機關。定期每日上午九時諸同志齊到講集所。討論進行方法。劉揆一在醴陵縣充淥江學堂監督。經理各地發難事。楊篤生則駐上海。策應一切。

華興會與同仇會　華興會員先後加盟者四五百人。多屬學界分子。於聯絡祕密會黨。極不便利。黃劉等乃於華興會外。另設同仇會。專爲聯絡會黨機關。仿日本將佐尉軍制。編列各項組織。黃自任大將。兼會長職權。劉揆一任中將。掌理陸軍事務。馬福益任少將。掌理會黨事務。瀏陽普集市于每月某某等日。例開牛馬大會。屆期各鄉村群以牛馬犬豕各種獸類赴賽。蒞會者凡數萬人。爲湖南全省有名之墟集。與會羣衆泰半隸哥老會籍。故哥老會亦規定是日爲拜盟宣誓之佳節。同仇會卽于同日舉行馬福益之少將授與式。由劉揆一代表會長黃軫。親給馬以長槍二十梃。手槍四十梃。馬四十匹。並監督宣誓。儀式莊嚴。觀者如堵。自是哥老會員相繼入會者不下十萬人。聲勢在庚子唐才常一役之上。

起事之策略　黃劉馬等之大計劃。預定于甲辰九月清太后萬壽節日。在長沙岳州衡州寶慶常德等處。分五路起事。先期在省城萬壽宮之皇殿下。預藏大炸彈一具。候全省文武官吏屆時到場行禮。卽行燃放。以期一網盡之。然後各路同時發動。一切布置。略已就緒。詎于萬壽節前十餘日。有會黨何少卿郭鶴卿二人以機事不密。在湘潭縣城被縣吏逮捕。其大體計劃亦被探悉。湘潭縣令郎飛報湘撫俞廉三告變。駐湘潭之哥老會行堂有號飛毛腿者。知事已洩。乃走報馬福益。馬時駐湘潭屬之茶園鋪礦場。距縣城五十里。得訊後。卽令飛毛腿馳赴省城。告黃劉使速戒備。省城距茶園鋪一百四十里。飛毛腿于一晝夜間竟能奔馳一百九十里。洵屬名不虛傳。

黨人之出險　黃近年寓明德學堂對門。劉揆一寓保甲局巷彭希民宅。得警後。以各處準備未竣。不得已匿跡他所。以避清吏搜索。未幾湘撫派兵查緝各黨人寓所。全城騷擾。黃乃避居吉祥巷耶教聖公會。由牧師黃吉廷同志曹亞伯保護出險。劉亦繞道赴漢口。得免于難。馬福益則由湘潭逃往廣西。次年春由桂返湘。欲謀再舉。卒爲湘撫端方所擒殺。留東學界特開追悼大會以紀念之。計是役用費在五萬元以上。概由黃劉二人籌措。二人卽因此舉破家云。

第二十二章　甲辰萬福華鎗擊王之春

萬福華略歷　鎗擊王之春情形　黃興等之被逮　審訊與判决

萬福華略歷　萬福華。安徽壽州人也。性豪俠。少慕朱家郭解爲人。慨然有剪除奸佞之志。與同鄉吳春陽交最密。吳爲革命黨之急進者。萬日與遊。故亦醉心革命。居恆惟吳馬首是瞻。甲辰某月隨吳自皖蒞滬。由同鄉薦充某學校教員。是時黃克強劉揆一方自長沙脫險。先後行抵上海。遂與同志陳天華郭人漳張繼徐佛蘇章行嚴蘇鳳初夏時林萬里諸人組織祕密機關于新閘路新馬路餘慶里。旅滬各省革命黨員常假該處爲議事所焉。萬因吳春陽之介紹。結識黃劉陳等。知彼等皆革命實行家。極致欽崇。亟欲立功以自見。未幾而有鎗擊王之春之事。

鎗擊王之春情形　桂撫王之春自癸卯年欲借法兵平亂。大受兩廣人士及京官之反對。卽已失職居滬。旋復有勾結俄人侵略東三省之舉動。國內志士聞警。異常悲憤。咸欲得其肉而甘心焉。萬其一人也。以此種國賊不速剪除。國將不國、遂決計行荊軻聶政之事。先向友人假得手鎗一梃。幷探悉王住跑馬廳新馬路昌壽里。於是日伏王宅左右。謀伺隙誅之。詎王深居簡出。卽有時外出。亦以侍從頗衆。無從下手。乃于十月十三日冒王友趙某名義。派人持請客單邀王會飲于四馬路金谷香西菜館。王不之疑。是日午後七句鐘乘馬車應招。至金谷香。卽登樓。以主人未到。匆匆下。萬預在梯旁相候。見王下。急舉鎗擊之。同時大罵王之春賣國賊。吾代四萬萬同胞行誅。聲震四鄰。觀者如堵。時一彈掠王頭上過。王並未受創。迨萬再舉鎗時。則已爲王之差弁王清泉所擒。手鎗卽被奪去。一時巡捕大集。而萬遂被拘入獄矣。

黃興等之被逮　住居餘慶里之同志。聞萬入獄。乃派章行嚴赴西牢慰問。時捕房正多方偵查萬之同黨及居址。因章探問。遂得跟踪至新閘路餘慶里。大事搜索。幷將寓所居人全數逮捕。押至捕房候審所。計被捕者有黃克強陳天華張繼郭人漳章行嚴徐佛蘇夏時林萬里蘇鳳初朱啓陶等十餘人。獨劉揆一適以事外出得免。郭人漳爲現任道台。所交官紳。多屬政界權要。故郭等被繫未久。卽有泰興縣令龔璋向會審公廨保釋。上海道袁海觀亦親訪英總領事要求釋放。故郭等十餘人遂得不問事由全數開釋。就中黃克強一人自長沙蒞滬。未及一月。湘省方懸巨賞緝之。此次被逮。乃用僞名虛報。故中西官吏無有知其爲著名革命黨者。黃及劉揆一陳天華張繼徐佛蘇諸人經此役後。遂皆避地日本。黃劉陳張等先後發起同盟會。徐佛蘇則與君憲派發生關係。日爲新民叢報作文。

審訊與判決　萬福華被捕後。旋在會審公廨開訊。承審員爲清同知黃耀宿及英國副領事德爲門。律師雷滿代表原告王之春出庭主控。萬之親友亦延愛禮司代爲聲辯。時有王之差弁王淸泉出而作證。謂十月十三日晚。王大人因有友邀往金谷香西菜館宴敍。即偕差弁及馬夫同至金谷香樓上十六號房。見祇有一東洋裝束之華人在座。不見主人。因即下樓。其人追至樓下。即將手舉一六門手鎗。向王大人欲擊。幸鎗爲衣袖所絆。彈未放出。差弁即上前擒住萬手。後經馬夫幫同拿獲。喚到華捕。拘入捕房。由捕頭在鎗內取出彈子五枚。當萬舉手欲擊時。口中大呼要打死賣國賊云云。復有華捕聲稱。萬被拘入捕房時。曾問以持鎗作何用。萬言欲擊王之春。因王前在桂撫任內欲借法兵平亂。故擬將伊處死等語。被告律師乃起言原告王之春不肯到堂。殊不合律。原告不到。則證人所言應作無效。原告律師駁之。此案開訊多次。卒由承審員宣告審判終結。隨下判辭曰。萬福華謀殺未成。自應照律懲辦。今當發往西牢監禁十年。並罰作苦工。萬聞之遽大呼曰。我之爲此。實爲國家大局起見。何罪我爲。求仁得仁。我得其所矣。於是昂然隨巡捕而去。萬居獄中。嘗與囚犯數人陰謀越獄不成。傷印度巡捕一名。會審公廨乃更增加監禁期限爲十五年。民國建元後。皖省革命黨員聯名請袁世凱向上海租界當局交涉釋萬。因萬曾越獄傷捕。租界當局引爲口實。久未開釋。後經交涉多次。萬始獲重見天日云。

第二十三章 香港中國報及同盟會

革命報之元祖 鄭貫一與新聞界 陶模與洪全福 兩黨報之筆戰 粵路風潮與禁報 同盟會之組織 黃克强與吳崑 康同璧之涉訟 三民主義之來源 同盟會之活動 丁戊兩年之軍務 天討案與二辰丸案 民生書報社之發展 南方支部與新軍之役 時事畫報之復活 馮自由之遊美 辛亥一年之活動 革命之三時期

革命報之元祖 香港中國日報爲革命黨機關報之元祖。自己亥（清光緒二十五年）以迄辛亥。此十三年中。凡興中會及同盟會所經歷之黨務軍務。皆藉此報爲惟一之喉舌。中間遭遇無數之風潮及重大之阻力。均能獨立不撓。奮鬥不懈。淸英二國政府終無如之何。攷興中會最初宣傳品。祇有楊州十日記一種。己亥間嘗用中國合衆政府社會名義。頒發傳單分寄美洲及南洋各屬華僑。請其協助革命。此外見諸文字者。殊不多覯。自乙未廣州一役失敗後。中山久在日本規畫粵事。重陽大舉。知創設宣傳機關之必要。始于己亥秋間派陳少白至香港籌辦黨報。兼爲一切黨務軍務之進行機關。是年冬。此報遂發刊于香港士丹利街門牌二十七號。卽中國日報是也。出版後。陳自任總編輯。楊少歐等輔之。除日刊外。另發行中國旬報。卷末附以諷刺時事之歌謠諧文等類。曰鼓吹錄。其後海內外報章多增設諧部一欄。蓋濫觴于此。是報出版之初。所有經費皆仰給於中山。己

中國報前之陳少白

亥庚子間。黨人及日英志士奔走香港惠州日本南洋之間。至爲忙碌。大都由中國報招待供應。嗣惠州義師瓦解。報館之經濟能力亦受影響。殆有不支之勢。其賴以維持不墜者。則同志富商李紀堂之力爲多。

鄭貫一與新聞界　香山人鄭貫一向任橫濱清議報編輯。因與馮自由馮斯欒等創辦開智錄。鼓吹革命。遂爲梁啓超所逐。中山乃函薦鄭於中國報。辛丑（清光緒二十七年）鄭歸自日本。發揮其新穎

思想於陳舊之文字堆中。極受社會歡迎。實爲粤中報界放一異彩。鄭爲人豪邁不羈。任中國報筆政數月。卽辭職另創世界公益報。繼又棄公益報而另創廣東報。均無所憑藉而以獨力成之。兩報皆鼓吹革命。而投資者皆非革命黨人。特表同情於革命而已。是年中國報移於上環永樂街。中山於十二月初九日由日本乘日輪八幡丸至港。寓報館三樓。旋於十五日赴越南參觀河內博覽會。自乙未廣州一役後。港政府卽有禁止中山五年入境之令。期滿後。中山嘗於庚子年過港。仍禁止登陸。此次到港。雖未受港吏干涉。然雖港未久。港政府又復重申禁令。至辛亥反正始行撤消。

陶模與洪全福　中國報雖發刊於香港。而消場之暢旺。則有賴於廣州。蓋港中商人多缺乏政治思想。於偏重政治之報紙。絕不措意。故中國報出版數年。港人購閱者不滿千數。惟廣州之政學兩界。則已漸趨改革一途。其所持政見多視中國報爲正鵠。而尤以陶模督粤時代爲特盛。陶雅重新學。任吳敬恆鈕永建爲幕僚。其黜陟屬吏。恆以中國報之評判爲標準。故中國報在粤消場。以是時爲最佳。僅督署一處消售至二百餘份。淸季督撫在粤政績。以陶爲差強人意。中國報與有力焉。陶去粤數月。卽有黨人洪全福李紀堂謝纘泰梁慕光李植生等謀於壬寅（淸光緒二十八年）除夕在廣州發難。是役出資者爲李紀堂一人。中山少白均未預聞。事後廣州嶺海報記者胡顯鶚大放厥辭。痛斥排滿革命爲大逆不道。中國報記者陳詩仲黃世仲乃嚴辭闢之。雙方筆戰逾月。於民族主義之闡發。收效非鮮。

兩黨報之筆戰　壬寅夏間。中國報以留日學界之革命思潮異常蓬勃。特聘馮自由爲駐東通信員。故留學界消息。以中國報紀載爲最詳。甲辰年（淸光緒二十八年）康有爲命徐勤發刊商報于香港。大倡保皇扶滿主義。中國報乃向之痛下攻擊。康徒氣爲之懾。是時世界公益報廣東報有所謂報東方報少年報等先後出版。民黨在言論界遂漸佔勢力。惟中國報以維持困難。乃由容星橋介紹與文裕堂印務公司合併。遷于荷理活道。公司設總理三人。以李紀堂陳少白容星橋三人分任之。及乙巳抵制美約事起。廣州香港等處總商會各舉派代表磋商與美商會參訂修約問題。各代表乃公聘何啓陳少白二人爲顧問。遇事輒就報館請益焉。是爲革命黨與商界機關接近之嚆矢。

粤路風潮與禁報　乙巳冬。中國報復由荷理活道遷至上環德輔道。翌年春。粤督岑春萱決將粤漢鉄路收歸官辦。爲粤路股東黎國廉等所反對。遂捕黎繫獄。幷禁止粤中各報登載反對言論。於是大股東陳席儒陳賡虞楊西岩等乃在香港組織粤路股東維護路權會。函電各方極力抗爭。中國報及港中各報均力助股東。攻擊岑春萱之違法佔權。異常激烈。岑于蒞粤之初。

頗重視中國報。對于行政用人之批評。間有採納。及爲港報反對。遂下令禁止各報入境。中國報在粤之銷塲。遂爲之大受打擊焉。雖其後多方設法。有時或可祕密運粤。然直至辛亥年反正以前。終未公然取消禁令。其關于主義上之損失。殊非淺鮮。陳楊等設會爭路數年。爲之謀主者卽爲中國報總理陳少白。粤路經此次風潮後。因官商衝突。爭端不息。路事卒無所成。岑春萱實尸其咎。

中國報時代之馮自由

同盟會之組織　乙巳七月。同盟會東京本部成立。中山以庚子後內外黨務久已停頓不振。遂于八月初十日特派馮自由李自重二人至香港。組織香港廣州澳門等處同盟分會。馮至港。卽與陳少白等籌備成立。雖與中會員亦須一律塡寫誓書。衆舉陳少白爲會長。鄭貫一爲庶務。馮自由爲書記。是年先後加盟者有陳少白李紀堂容星橋鄭貫一李自重李樹芬黃世仲梁攢凡溫少雄盧信廖平庵陳樹人李孟哲李伯海諸人。時李自重與史古愚伍漢持陳典方崔通約等設光漢學校于九龍。提倡軍事教育。屢招港吏干涉。是年冬。中山偕黎仲實謝良牧胡毅生鄧慕韓等赴西貢。舟過香港。假法郵船。約諸同志開會討論黨務。適是時中國報與有所謂報因抵制美約事意見不合。互相攻擊。馮自由調處無效。中山乃約陳少白鄭貫一至法輪。勸令和解。陳鄭從之。未幾鄭死于疫。香港各界人士開追悼會于杏花樓。蒞會者千數百人。鄭之深得人望。可見一斑。

黃克強與吳崑　乙巳十一月。黃克強自日本至港。寓中國報。旋取道赴桂林。易名張守正。號愚臣。時郭人漳方任桂林巡防營統領。黃與彼爲舊盟。故欲說其舉兵反正。郭頗有意。以與陸軍小學監督蔡鍔不睦。盧爲所乘。卒不敢動。黃於蔡亦屬故交。嘗居間調處。令其合作。均不見聽。遂怏怏歸香港。尋赴新加坡。與中山籌商進行方法。及丙午夏間。鄂同志吳崑奉日知會劉家運馮特民命至港。欲訪黃協議鄂省軍事。因黃未返。乃在中國報守候兩月。黃回。以餉項不足。令吳返鄂。傳語各同志靜候。復有同志梅霓仙自桂林來。謂郭人漳部待款而動。請黃接濟。黃亦遣其返桂。囑令聽候時機。

康同璧之涉訟　丙午七月。文裕堂以營業不佳。宣告破產。先是保皇會員葉惠伯代表康有爲之女同璧。在香港法院控中國報以譭謗名譽之罪。要求賠償損失五千元。此案涉訟經年。迄未解決。中國報搜羅康有爲師徒棍騙證據。極爲充足。頗有勝訴之望。惟英律凡被告無能力延律師抗辯。即等于敗訴。訟費須由被告負担。故文裕堂如破產。則所附屬之中國報亦須拍賣。以供訟費之需。馮自由以此舉于民黨名譽關係至巨。乃求助于其岳翁李煜堂。得其助力。事前以五千元向文裕堂購取中國報。始得免于拍賣。新股東爲李紀堂李煜堂李亦愚潘子東伍耀廷吳東啓伍于簪麥禮廷諸人。八月中國報遷于上環德輔道三〇一號。馮自由任社長兼總編輯。時中山對于康同璧訟案。主張繼續抗訴。特由南洋匯款二千元于陳少白。使延律師力爭。陳以訟事牽纏。費時失事。不欲再事興訟。故此案結果遂爲無形之失敗。

三民主義之來源　民族民權民生三大主義始見于中山所撰之民報發刊詞。惟從來未有簡稱爲三民主義者。有之自馮自由始。丙午春香港各界人士以陳天華爲反抗日本取締學生規則憤而投海自殺。特開追悼會于杏花樓。馮自由撰聯輓之曰。生平得愛友二人。星台(天華字)殉國。近午(克强字)何之。可嘆吾黨英才又弱一個。靈爽憑健兒五百。公武(南洋同志通函向諱稱孫文二字曰公武)嗚鐘。自由不死。誓殲虜酋政府。實踐三民。聯爲陳少白手書。自是三民主義四字遂常見于中國報論說及代理民報之廣告。海內外各報亦漸有採用之者。惟乙巳冬馮自由有論文曰「民生主義與中國政治革命之前途」一文長二萬餘言。其時尚未有三民二字出世也。胡漢民至己酉冬。尚語馮自由。譏三民二字之名詞爲不通。然今日已爲舉世所沿用矣。

同盟會之活動　丙午冬同盟會改選幹事。馮自由當選會長。黨務日漸發達。至丁未年而尤盛。是年爲同盟會在粵桂閩三省最活動時期。由香港派出代理主盟員多名。分赴各府縣收攬黨員。推廣勢力。許雪秋詹承波郭公接等赴潮汕。設通信處于汕頭至安鉄街路公司。鄧子瑜陳佐平溫子純周毅軍等赴惠州。設通信處于歸善水東街廣榮號。姚雨平張伯喬朱執信趙聲等赴廣州。設通信處于制台前張大夫第。張谷山蕭惠長等赴嘉應。設通信處于興甯城興民學堂。黃旭昇何克夫莫偉軍等赴北江。設通信處于連州三江墟兩等小學。劉古香張鉄臣章立權劉培欽等赴廣西。設通信處于潯州大黃江埠廣亨號及柳州弓箭街富貴陞旅館梧州大南門外文明閣等處。此外赴澳門者爲劉樾杭。赴福建者爲黃乃裳林菊秋。就中尤以姚雨平張谷山之運動附城軍隊。及許雪秋鄧子瑜之運動惠潮會黨。爲成效最著。是時會所尚未設置。一切黨務皆在中國報處理之。及戊申正月改選幹事。馮自由仍任會長。黃世仲庶務。謝心準書記。乃新設會所于皇后大道馬伯良藥肆四樓。河口失敗一役。黨員黎仲實梁恩高德亮麥香泉姚章甫陳義華關人甫等先後被越南政府遞解至港。均由會所招待一切。計丁戊兩年在香港加盟者。有張靜江黃伯淑倪映典方紫柟謝英伯林伍余丑余通盧岳生李是男李海雲周覺葛謙譚馥嚴國豐等二百餘人。獨張靜江宣誓時。要求減去誓約內當天二字。謂其篤信無政府主義。不信有天。因破格准之。

丁戊兩年之軍務　中山自庚子惠州一役失敗，從辛丑至丙午之六年間，革命軍務殆完全停頓。至同盟會成立。始復著手進行。丙午間。黃克強親入廣西。說郭人漳反正。劉道一孫毓筠楊卓林胡瑛等先後赴湘鄂蘇楊各地。有所活動。均無所成。至丁未春。各地同志受萍瀏革命軍之感應。皆躍躍思動。適郭人漳奉粵督命。從桂林調駐廣東羅定。中山克強得馮自由電。認爲絕好時機。即偕胡漢民汪精衛日人萱野長知池亨吉等南遊。二月初一日抵香港。克強精衛萱野留港。擬入肇慶。促郭人漳率兵反正。池亨吉則偕留學生方瑞麟方漢成喬義生等赴潮汕。助許雪秋起事。克強居松原旅館數日。張伯喬自廣州來。謂郭又調駐欽州。粵吏探悉克強由日抵港。已備文向港督要求引渡等語。而松原旅館亦忽有粵吏派來偵探窺伺其間。克強以郭已他調。留港無用。乃命胡毅生隨郭赴欽相機行事。自返日本。精衛則移居普慶坊機關部。與劉師復廖平子同寓。於是許雪秋鄧子瑜劉師復王和順諸人先後分赴廣州汕頭歸善欽州各地極力進行。計丁未一年。許雪秋陳芸生等所經營者。有三月潮州城之役。四月黃岡之役。九月汕尾之役。鄧子瑜所經營者。有五月七女湖之役。王和順所經營者。有八月防城之役。而劉師復則以謀炸李準牽制淸軍之故。于五月初一日因製彈失愼。炸去一臂。被逮繫獄。此外大事之可紀者。則有黃岡義師首領余紀成被淸吏以強盜罪名控之香港法院一事。此案涉訟七月之久。至戊申正月始獲勝訴出獄。又十月田桐何克夫等自香港携帶革命軍債劵一箱赴越南。在海防被法人扣留。後由中山向越南總督交涉。始獲發還。時克強方計畫在欽州發動。其彈藥多由香港密購。運赴海防供應之。故自香港同盟會成立以來。是年實爲軍事上最活動之時期。及戊申四月河口義師失敗。黨人被逐至新加坡香港者至衆。新加坡河內香港三處機關部收容撫養之不暇。更無餘力爲再整旗鼓之計劃。故河口一役以後。黨中元氣大傷。對內軍務幾于完全停頓焉。

天討案與二辰丸案　丁未六月。香港華民政務司以中國報經售民報特刊天討。附有淸帝破頭插畫。謂爲煽動暗殺。欲提出控訴。馮自由力抗。卒以沒收所存天討了事。至八月。香港議政局通過禁止報章登載煽惑友邦作亂文字專律。然中國報言論不爲少屈。蓋英人祇禁談排滿革命。若易以民族主義及光復等名詞。非彼等所能了解也。戊申二月。澳門華商柯某租借日輪二辰丸私運軍械圖利。船至澳門海面卸械。被清軍艦捕獲。日葡二政府以清艦越界捕艦。各提出嚴重抗議。卒由粵督向日領謝罪釋船了結。粵中各界以外交失敗。大憤。羣主抵制日貨以懲之。獨中國報力排衆議。謂對于日本可以抵制之理由極多。不當借運械助黨一事爲口實。并詳舉國際公法以相質證。由是輿論漸爲轉移。蓋中國報認軍械能否入境爲革命黨之生死問題。凡有妨礙革命黨進行者。不得不悉力以排除之也。

民生書報社之發展　戊申以前。香港同盟會忙于軍事。不欲在港內大張旗鼓。招收黨員。以避偵探耳目。自河口失敗。軍事停頓一年有餘。遂得專心黨務。改取開放主義。以廣收同志爲務。至己酉（清宣統元年）二月。乃遷會所于德輔道先施公司對門。仍因避免偵伺起見。榜其名曰民生書報社。黨員日常開會討論進行。不復如前之祕密。在粵分機關。則由高劍父徐忠漢梁煥眞潘達微等籌備成立。會務亦頗發達。是年粵港兩地加盟者。有劉一偉黃軒胄關非一陳元英胡津林巴澤憲馬達臣譚民三何劍士陳逸川何鞾民陳自覺陸覺生梁藻如莫紀彭劉守初李文甫林直勉梁煥眞潘達微羅道膺杜樂漢陳瑞雲朱述唐黃俠毅張志林陳哲梅李以衡馬小進黎德榮廖俠李昌漢陳俊朋李少穆洪承點陳炯明孫武等二千餘人。就中以倪映典所招致新軍兵士居大多數。惟無冊籍可考。至十一月書報社以會所過狹。復遷于中環德輔道捷發四樓南方支部與新軍之役　己亥九月。香港同志以各地黨勢日盛。建議于香港分會外。添設南方支部。以擴大組織。遂推舉胡漢民爲支部長。汪精衛書記。林直勉會計。會所設于黃泥涌道。未幾倪映典自廣州來。報告運動新軍成績。約期反正。支部乃電邀黃克強譚人鳳趙聲等來港。共圖大舉。中山亦自美匯款接濟。籌備旣竣。而新軍忽因口角小故。與警察鬧事。竟釀大變。倪映典以制止不及。遂臨時舉旗發難。事敗。死之。港同志乃開追悼會于黃泥涌道。以表哀思。是役同志傷亡頗衆。犧牲至巨。敗後七八月始復從事軍事上之活動。此一年中。各省同志來往香港者。陸續不絕。洪承點于安慶失敗後逃港。寓書報社。孫武自鄂赴汕頭。有所經營。過港時。馮自由宴之于陶陶仙館。始加盟于同盟會。河南人程克在日本謀殺滿清偵探。王金發在上海手誅勾結清吏陷害同志之變節黨員汪公權。均避匿至港。同寓灣仔東海旁機關部。

時事畫報之復活　廣州時事畫報爲鼓吹民族主義雜誌之一。創于乙巳年。出版一年而停刊。己酉秋間。謝英伯潘達微等以林直勉之助。重組該報于香港。林東莞人。與莫紀彭李文甫等于己酉三四月入黨。因與其叔父爭產興訟。卽以所得資助時事畫報復活。幷于中國日報股金及南方支部開辦費。均有所資助。時事畫報刊至十餘號而止。

馮自由之遊美　中國報自丙午以後。純屬商人資本。從未受黨部津貼。而于同志之接待供應。尤形繁劇。大有竭蹶之勢。馮自由乃遷報館于荷理活道二百三十一號。以圖節省。繼以支持不易。于庚戌春提出辭職。旋改就北美雲高華埠大漢日報之聘。自後中國報遂由南方支部以公款接辦。另派李以衡爲司理。香港分會亦改選謝英伯爲會長。馮于離港前。始將歷年所藏入黨盟書千數百紙繳存南方支部。然已破裂不全。蓋馮爲避免港探搜查。密將各盟書藏于睡枕之內。枕爲綠豆壳製。幾經摩擦。遂成片段。此項盟書于辛亥反正後尙存貯廣東國民黨支部。至民二八月龍濟光入粵。始付一炬。今馮自由尙有副本存也。又馮于丁戊二年料理軍務收支賬目。計收入四萬八千六百九十二元一角七分。支出四萬九千二百三十四元六角九分。除付萱野軍械費旅費一萬二千元。許雪秋兩次起事費約七千元。余紀成案訟費約六千元。余紹卿起事費一千五百元。黃耀廷起事費一千二百元。鄧子瑜起事費三千一百元。曾儀興等起事費六百元。鄧蔭南五百元。電匯黃克強一千元。匯宮崎寅藏三百元。池亨吉取九百五十元。電匯中山四千三百元。代購運赴海防毛瑟鎗彈及製彈機九百五十元。等項之外。其餘皆屬諸同志舟車旅館租金給養撫恤鄧電購物各種費用之需。比對收支兩項。不足五百四十二元五角二分。係由中國報墊付。此項總賬細目。亦于馮離港前列表向中山呈報。

辛亥一年之活動　庚戌新軍一役敗後。黃克強趙百先等頗形懊喪。南方軍務停頓者幾及一年。黃趙同赴南洋。擬棄粤而圖滇。中山及謝逸橋良牧兄弟乃約黃趙會于檳榔嶼。決議再集巨款經營粤事。黃趙乃先後返香港。重圖大舉。即辛亥三月廿九之役是也。是役耗款十七八萬元。革命軍統籌部迭接華僑匯款。異常活動。海外各埠及內地各省同志來港效力者。絡繹于道。港中設招待機關數十處。投效人數之充斥。及運械事件之忙迫。自有革命史以來所未有也。及義師失敗。人心振奮。香港居民心理對于革命黨向不重視。至是亦爲大義所感。同情于革命黨者。比比皆是。而中國報銷場亦大爲增加。時保皇黨之商報復乘機排斥革命。鼓吹立憲。中國報乃根據法理事實嚴詞闢之。文多出朱執信手筆。是年五月。盧信歸自檀島。南方支部以管理報務諸形棘手。乃委中國報于盧。令集資接辦。及九月廣州光復。盧始移報館于廣州。

革命之三時期　按香港革命黨及中國報之歷史。可類別爲三時期。從己亥至乙巳之七年。興中會及中國報事務由陳少白主持之。是爲第一期。在此期間。中國報經費多由李紀堂担任。從丙午至己酉之四年。同盟會及中國報事務由馮自由主持之。是爲第二期。中國報經費則多由李煜堂補充。從庚戌至辛亥之二年。爲第三期。時同盟會已分爲南方支部及香港分會之二機關。支部專理軍務。由黃克強趙百先胡漢民管理。分會專辦地方黨務。由謝英伯主任。中國報則自馮自由退後。卽由南方支部以公款維持。然仍有賴于李煜堂之資助也。至辛亥五月。復由盧信向同志商人措資接辦。九月移于廣州。及癸卯八月。陳炯明以粵省獨立失敗。中國報遂被龍濟光封禁出版。

第二十四章　歐洲同盟會

湖北學界與留歐學生　留歐學生與孫中山　比京革命團體之組織　德法二國之革命團體　中山之外交活動　王發科等之叛盟　新革命團體與公民黨　新世紀與無政府黨

湖北學界與留歐學生　吾國留歐學生以鄂籍佔大多數。蓋湖北興學最早。學生多富于感情衝動性。第一二批留日學生戢翼翬傅良弼吳祿貞劉成禺等首先主張革命。又值三十三年落花夢新民叢報（壬寅以前）中國魂諸書暢銷內地。一時學者靡然從風。會俄人逼改新約。留東學生藍天蔚等有拒俄義勇隊之組織。武昌學界大憤。乘機集會於曾公祠。爲極激烈之演說。武漢人心大震。尋爲當道禁阻。然自是湖北學生界遂暗中成一革命團體矣。其中堅分子爲李書城時功玖賀之才胡秉柯朱和中孔庚史青曹亞伯魏宸組耿覲文馮特民時功璧陳同如諸人。李書城祕密聯絡軍隊。孔庚密爲代派新民叢報。曹亞伯藉教會爲護符。以日知會爲宣傳機關。時鄒容以革命軍案被錮西獄。賀之才乃間道赴上海。密攜革命軍數百冊回鄂。散布鼓吹。幾罹不測。鄂當道以學界趨向革命。時思有以遠之。乃於癸卯冬擇其中好事者數十人。遣派東西洋留學。於是朱和中等被派赴德。賀之才史青魏宸組胡秉柯等被派赴比。未幾李書城耿覲文時功玖孔庚等亦被派赴日。計湖北學生先後被派赴德法比各國者百數十人。留歐學生十九屬鄂籍者以此。

留歐學生與孫中山　賀之才等赴歐前。適劉成禺自日本至上海取遊美護照。語賀等曰。中山方由美赴英。兄等此行。可與之會晤。共商大計。因作函爲賀史胡魏四人介紹。賀等抵比後。被清使楊某禁之一室。如待小學生然。抗爭數月。始獲自由。因以劉之介紹函寄倫敦荷蘭公園英人摩根家。約中山來歐。時中山尙未離美。賀等數月後始得覆音。云正欲赴比一游。惟缺少川資云云。而劉成禺亦有函賀等。告以中山困狀。囑爲設法。賀等乃召集同學醵資援助。是時比國留學生不過三十餘人。德國二十餘人。法國二十餘人。於是盡力湊集。比國得四千餘佛郎。德國得二千餘馬克。法國得千餘佛郎。卽由賀電匯中山。幷電邀朱和中赴比。中山得款。遂兼程渡歐。賀之才與胡秉柯並親至比國東海岸之哦斯丹埠相迓。

比京革命團體之組織　中山旣至比京。寓史青家中。與賀魏朱胡等暢談數日夜。所言皆革命進行方略及建設事業。朱和中以向新軍運動爲入手之方。幷歷述吳祿貞等歷年在鄂運動之成績。中山則以改良會黨爲入手之方。幷列舉事實爲證。辯論多次。雙方漸接近。認爲有雙管齊下之必要。賀等旋又介紹喻毓西孔慶叡陳寬沆劉蔭茀李藩昌李仁炳胡鈞王治輝程光鑫等相見。彼此極爲融洽。中山因提議組織革命團體。衆皆贊同。惟朱和中對於中山所擬誓約稿之天運紀年。魏宸組對於當天發誓一層。略有詰辯。中山多方解釋。認宣誓手續爲非常重要。衆始無異議。遂次第親書筆據。其文曰。

具願書人〇〇〇當天發誓驅除韃虜恢復中華創立民國平均地權矢信矢忠有始有卒倘有食言任衆處罰

天運　年　月　日　　某某押（指印）

主盟人孫文

誓畢。中山乃與在場十餘人一一握手。欣然道喜曰。爲君道喜。君已非清朝人矣。同時中山亦親書同式誓文一紙交賀等收執。（按此紙至今尚存史青處）並授與同黨晤面時各種祕密手式口號。如問君從何處來。答從南方來。問向何處去。答向北方去。問貴友爲誰。答陸皓東史堅如二人云云。是時會名尚未確定。但通稱革命黨三字。直至乙巳年冬。得東京同盟會本部來函。謂已確定會名爲中國同盟會。於是德法比三處始一律通用同盟會名號。

德法二國之革命團體　中山旋偕朱和中赴德國。由朱介紹入黨者。有劉家佺陳匡時周澤春馬德潤王發科王相楚諸人。（一說謂德潤始終不肯發誓立據）由德返英。入黨者僅有孫鴻哲一人。轉道赴法。由陳寬沅先期介紹唐豸。復由唐介紹湯薌銘向國華等加盟。由是德法二京均有革命團體之繼起。而黨人之氣勢爲之一振。

中山之外交活動　中山在巴黎時。欲與法國軍政當局有所接洽。以旅囊空空。不得已再求助於留歐同志。於是各黨員乃再發起籌款。供中山國際酬酢之需。計巴黎得千餘佛郎。柏林千餘馬克。比京二千餘佛郎。於是中山始得專心辦理外交。尤以對法國參謀部之交涉爲最得手。丙午年法國參謀部嘗派武官多人。偕中國革命黨員視察各省。欲對中國革命有所協助。即中山是時駐法交際之力也。

王發科等之叛盟　中山以留歐革命團體已告成立。而駐日同志頻函促歸。遂擬由巴黎取道日本。行有日矣。會新任安南總督韜美Doumer與中山有舊。素贊助中國革命。中山因與法國殖民大臣有所接洽。尚未得要領。乃暫寓利倭尼街之苑克拉旅館。坐待好音。一日外出歸寓。忽發覺被盜。其貯藏物事之小革囊被刀割一大洞。所有黨員入會誓書及與安南有關之重要文件均被竊去。中山大驚。急電比京告賀等以狀。賀等乃公推胡秉柯赴法。謀善後策。始查悉爲留德學生王發科王相楚等所爲。發科爲人最怕事。而又最好名。因是時學生風氣以加入革命黨爲榮。故亦毅然隨衆受盟。旣入黨。又恐將來不能歸國。出仕淸朝。因是萬分懊悔。時思設計擺脫。適是時相楚與同省人周澤春不睦。互以匿名函相攻擊。輒以盟事爲題。因問計於發科。發科素懼禍。乃與相楚陳康時同謀叛盟。遂相偕赴法。巧言說唐豸。唐不爲動。繼乃與湯薌銘向國華合謀訪中山。其本意擬向中山哀求發還誓書。値中山外出不遇。而見其惟一小革囊在焉。遂萌袪篋之念。以小刀割之。盡攫所有急攜赴淸使孫寶琦處。叩頭哭訴。備言悔狀。寶琦不欲遽興大獄。命吳宗濂及二王將各盟書發還本人。或云寶琦之所以不加追究者。蓋張人傑夏循垍二人進言之力。夏與寶琦爲戚屬。而張則方爲使署商務隨員也。時寶琦且斥發科等曰。爾等加入革命黨。是叛淸朝也。又來首告。是又叛革命黨也。且陷害同學。人格何在。良心何存。隨令侍役將二王逐出。寶琦於査察此項文件時。發現中山與法政府交涉關於安南之重要函牘。大爲驚異。遂急赴法外部破壞其事。幷據以入奏。淸廷以寶琦爲能。而慶王且與聯姻焉。是則二王之盜案。固大有造於寶琦也。事後中山語賀胡等。謂被竊後惶急之狀。爲倫敦使署被困以來所未有。一則數十同志之生命攸關。二則恐因此遂失却聯絡知識階級之機會。三則安南事件爲所破壞。深爲可惜云云。方二王盜得盟書以歸柏林。轉以迫挾朱和中諸人。時朱已得法比二國學生報告。正開會討論。而二王突至。朱乃暗令衆人歸功於二人。而轉爲二王危。謂上不得信用於淸朝。下又結怨於革命黨。將來必難免禍。二王大懼。轉問計焉。朱乃令交出盟書。而願以一身代爲負責。二王從之。乃共繕一函致中山。諉罪於朱一人。以不知中山住所。仍浼朱代表。朱火之。陰結未叛之同志補寫誓約。此事始告終結。其後王相楚陳康時二人回國後。卽已匿跡銷聲。惟發科後更名王葛。在四川某軍爲將官云。

新革命團體與公民黨　當盟書被竊之消息傳至比京。賀之才史靑等急召集同志。提議重書誓文事。與會者一致贊同。惟此後選擇黨員。異常鄭重。品行有虧及信仰不堅者。概從淘汰。計在比京重具願書者。初僅有史靑賀之才魏宸組胡秉柯喩毓西劉蔭茀李藩昌李仁炳程光鑫陳寬沅十人。在法者僅有唐豸一人。在德之朱和中周澤春錢匯春三人。於事後特至比國。與賀史等協商重組團體。遂亦加入。改組既定。衆以中山東歸在卽。遂三次籌款爲中山旅費之需。其後規定革命工作數事。一黨員每月各捐其學費十分之二。存儲生息。以備革命之用。中山以後復渡歐二次。卽賴此款爲供給。二每月聚會二次。研究革命方法及建設事業。三設編譯部。專司報紙上之宣傳。使外人漸明瞭中國革命之宗旨。及中山抵日。同盟會東京本部宣告成立。賀之才史靑等鑒於王發科事件。乃於同盟會外。更另發起一公民黨。爲同盟會之過渡機關。其宗旨爲驅除韃虜恢復中華創立民國三項。而平均地權不與焉。此黨專爲訓練及聯絡同學中之有志者。以爲加入同盟會之預備。公民黨之中堅分子。爲王鴻猷高魯石瑛黃大偉石鴻韶諸人。其餘黨員則湖北四川籍之學生佔多數。厥後王鴻猷石瑛黃大偉楊循祖卽均由公民黨而轉入同盟會者。

新世紀與無政府黨　丙午丁未間留法學生李石曾褚民誼及留英學生吳敬恆等有新世紀報之發刊。專提倡廢政府廢宗教廢家庭之學說。爲近代吾國人提倡無政府主義之鼻祖。奇談快論。震動一世。而此報經濟上之惟一供給者。則巴黎清使館商務隨員張人傑也。張與李褚吳等均無政府主義信徒。李褚吳三人在歐入同盟會。張則至丙午秋間。始在香港加入。張於乙巳年嘗隨孫寶琦參觀比國列日城大博覽會。逢人必談革命。駐比黨員以其供職使署。頗有疑之者。丙午冬間。中山時方從南洋至東京。以經濟困乏。與黃克強等束手無策。一日語克強曰。吾昔在巴黎邂逅一張姓友人。其人乃供職清使館。而兼營古董業者。嘗謂倘余至急需款時。可隨時致彼一電。彼當悉力以應。今姑發電一試。克強聞爲使館人員。頗滋疑慮。然中山去電不過數日。而日金約九千元之匯款卽由巴黎電來（似是三萬佛郎）。一時東京本部爲之頓呈活氣。是卽張人傑第一次助餉革命之歷史也。新世紀報內附設華文印刷所。出版品有世界大事世界六十名人鳴不平夜未央新世紀叢書等等。均屬開發民智提倡人道之作。六十名人之印刷。尤極精美。滬上至今無此佳品也。

第二十五章　中國同盟會及民報

同盟會之成立　富士見樓之歡迎會　阪本邸之成立會　馮自中赴香港之任務　戊戌庚子紀念會　中山南遊之旅費　民報與取締學生規則　章太炎之歡迎會　民報一週紀念會　國旗方式之討論　清吏對學界之辣手　革命書報之紛起　中山離日之黨潮　政聞社開幕之武劇　變節黨員之末路　民報封禁與復版　中山到日之被拒

同盟會之成立　中國同盟會始創於歐洲德法比三國。而正式成立。則在日本東京。其時爲乙巳年（清光緒三十一年）七月。正當留學界革命思潮最蓬勃時代。是年秋間。中山自歐洲歸抵橫濱。各省學生從東京來訪者。不絕于途。黃興陳天華馮自由張繼宋教仁宮崎寅藏等更日夕往還。籌策國事。僉以爲非聯合各省革命黨員組織一大團體。決不足以推翻滿清。各省學生之有志者皆贊成之。由各省學生之熱心者轉相號召。遂於七月某日假東京赤阪區虎之門黑龍會爲會埸。召集各省同志開一籌備會。討論進行方法。是日蒞會者有中山及黃興張繼陳天華馮自由梁慕光吳春陽程家檉黎勇錫胡毅生朱少穆但燾時功玖田桐曹亞伯馬君武董修武鄧家彥張我華何天炯康寶忠謝良牧劉道一蔣尊簋張伯喬汪兆銘朱大符古應芬金章杜之杕姚粟若宮崎寅藏內田良平等五十餘人。除甘肅一省外。餘十七省人皆有到者。首由中山說明開會理由。幷提議定名爲中國革命同盟會。因本會爲祕密組織。恐爲實行之阻礙。卒以討論結果。簡稱中國同盟會。時有主張對滿同盟會者。中山謂革命黨宗旨不專在排滿。當與廢除專制創造共和並行不悖。衆贊成。次提議以驅除韃虜恢復中華創立民國平均地權十六字爲誓辭。某某數人於平均地權有疑義。要求取消。中山乃起而詳細解釋。卒以大多數通過。次由黃興提議。請贊成者書立誓約。於是會衆由中山執行舉手宣誓式。盟書原文如左。

聯盟人　省　府　縣人口口口當

天發誓驅除韃虜恢復中華創立民國平均地權矢信矢忠有始有卒如或渝此任衆處罰

天運乙巳年七月　日

中國同盟會會員口口口

宣誓之外。中山並授以祕密口號「漢人」「中國物」「天下事」三事。隨與各會員一一行新握手禮。繼復由衆公議各會員盟書於幹事部未成立前。暫付托中山保管。而中山盟書則衆推黄興保管。將散會時。室之後部以會場人衆。坐席卒然坍倒。中山謂此乃顛覆滿清之兆。衆大鼓掌歡呼。繼以會已成立。當有憲章。乃推舉馬君武汪兆銘陳天華等爲會章起草員。約於下次開會時提出。此同盟會成立第一日情形也。

富士見樓之歡迎會　是年七月十三日（陽曆八月十三）留學界開大會歡迎中山於麴町區富士見樓。蒞會者千三百人。座無隙地。後至者多不得入。中山演說詞詳載民報第一號。留學界公然開大會歡迎革命黨魁。此爲第一次。

阪本邸之成立會　同盟會復假赤阪區霞關子爵阪本金彌邸開第二次成立會。會場與清公使館密邇。會員多有誤投使館者。是日通過會章後。投票選舉中山爲總理。黄興爲庶務。陳天華爲書記。宋教仁程家檉等爲交際。謝良牧爲會計。鄧家彥爲執法部長。馮自由汪兆銘等爲評議員。曹亞伯胡毅生等爲各省主盟員。復提議發刊黨報事。宋教仁以所辦二十世紀之支那雜誌適被日政府禁止出版。願改爲黨報。衆贊成。議定每會員須捐助出版費五元。即民報是也。

馮自由赴香港之任務　八月十日。中山以廣東爲革命策源地。特派馮自由李自重二人赴香港組織香港澳門廣州等處同盟會分部。以擴張革命勢力。幷令馮主持香港中國日報編輯事務。是爲同盟會派員回國之始。時李自重方任香港九龍光漢學校兵式體操教員。馮受任。卽於是月搭蒙古輪赴港。其委任狀原文如左。

中國革命同盟會總理孫文特委托本會會員馮君自由李君自重二人在香港粤城澳門等地聯合同志二君熱心愛國誠實待人足堪本會委托之任凡有志入盟者可由二君主盟收接特此通知仰祈察照是荷

中國革命同盟會總理孫文押印

天運歲乙巳年八月十日發

戊戌庚子紀念會　九日八日。留學界一部開戊戌庚子死事諸人紀念會。粤人到者僅胡衍鴻等數人。胡演說歷述康有爲欺騙譚嗣同唐才常及華僑之歷史。如數家珍。發言一小時半之久。聽者大爲感動。一鬨而散。演說詞載民報第一號。

中山南游之旅費　是年冬。中山以赴南洋運動需款。乃向學界籌措旅費三千元。由何斌兄弟謝良牧朱少穆數人捐助足數。遂偕謝良牧胡毅生黎勇錫鄧慕韓四人乘法輪赴越南。未幾黃克強亦赴香港民報與取締學生規則　民報第一號於是年十月廿一日（陽歷十一月念六日）在東京牛込區新小川町二丁目八番地出版。先後充編輯者為陳天華汪精衛胡漢民朱大符章太炎但燾汪東黃侃湯增壁劉光漢諸人。出版未一月。值日本文部省頒佈取締留學生規則。留學界大為憤激。陳天華於十一月十二日憤投大森海灣自殺。於是同盟會員對於此事分為兩派。一派主張全體歸國。另在上海辦學。以洗日人取締之恥辱。易本義秋瑾田桐胡瑛等主之。一派主張求學宜忍辱負重。不可輕率廢學歸國。汪精衛胡漢民朱大符等主之。兩派互相駁論。如臨大敵。秋瑾易本義等以是歸國。結果卒為後說所勝。民報因學潮延期一月。第二號至十二月廿五日（陽歷一九〇六年一月念二日）始繼續出版。

章太炎之歡迎會　章炳麟因蘇報案被判監禁三年。。丙午年（清光緒三十二年）六月廿九日期滿出獄。同盟會預派龔練百時功玖等到上海歡迎赴日。七月十五日留學界在神田錦輝館開會歡迎。到者二千餘人。民報自第六號起。改推章擔任編輯。

民報一週紀念會　民報於丙午年十月十二日（陽歷十二月二日）在錦輝館開一週紀念會。到者六千人。為留學界空前之盛會。黃克強主席。章太炎讀祝詞。其辭曰。

我漢族昆弟所作民報。俶載至今。適盈一歲。以皇祖軒轅之靈。洋溢八表。方行無閡。

自茲以後。惟不懈益厲。爲民斗杓。以起征胡之鐃吹。流大漢之天聲。白日有滅。星球有盡。種族神靈。遠大無極。敢昭告於爾丕顯皇祖軒轅烈祖金天高陽高辛陶唐有虞夏商周秦漢新魏晉宋齊梁陳隋唐梁周宋明延平太平之明王聖帝。相我子孫。宣揚國光。昭徹民聽。俾我四百兆昆弟同心戮力。以底虜酋愛親覺羅氏之命。掃除腥羶。建立民國。家給人壽。四裔來享。嗚呼。發揚蹈厲之音作。而民興起。我先皇亦永有依歸。

民報萬歲

漢族萬歲

中華民國萬歲

祝詞莊肅悲壯。人人感動。於是中山太炎宮崎寅藏平山周萱野長知田桐喬義生覃振劉揆一等二十餘人次第演說。從晨八時至午後二時。衆無倦容。散會時。各餽民報紀念特刊「天討」劵一枚。是日中山演說詞始談民生主義及五權憲法。梁啓超因此在新民叢報對民生主義大加非難。民報與之筆戰經年。至十九號而止。

國旗方式之討論　丙午冬。同盟會本部討論中華民國國旗方式問題。中山主張沿用興中會之青天白日旗。謂乃陸皓東所發明。興中會諸先烈爲此旗流血。不可不留作紀念。各黨員亦提出他種方式。有提議用井字式。以表示井田之義者。有提議用金瓜斧鉞式。以發揚漢族之精神者。有提議用十八星式。以代表十八行省者。有提議用五色式。以順中國歷史上之習慣者。黃克強對於青天白日頗有疑義。謂形式不美。且與日本旭旗相近。中山爭之甚力。且增加紅色於上。改作紅藍白三色。以符世界上自由平等博愛之眞義。仍因意見紛歧。迄未解決。後經章太炎劉揆一設法調解。暫擱其議。於是各種方式仍存庶務劉揆一處。作爲懸案。然自潮惠欽廉諸役舉義以來。事實上皆用靑天白日滿地紅之三色旗爲革命標幟。克強於欽廉鎭南關河口廣州諸役均爲主帥。從無反對之表示。故在革命歷史上。靑天白日旗之爲中華民國國徽。已成確定不易。及辛亥革命。共進會在鄂用十八星旗。陳炯明在惠州用井字旗。宋教仁陳其美在甯滬用五色旗。皆不出同盟會舊存諸方式之一種。蓋同盟會討論旗式時。各省代表均一律列席。後以懸案未決。遂於辛亥光復之際。還奇立異。各樹一幟。如井字旗本爲廖仲凱所提議。陳炯明與廖仲凱同屬惠州。後有所聞。乃於惠州發難時改懸井旗。卽其一例也。

著者按現時坊間書報所載靑天白日旗之歷史一節。卽著者辛亥年在美國舊金山大同日報舊作。可供參攷。

淸吏對學界之辣手　同年十二月。淸江督端方因萍鄉瀏陽等處有日本留學生從中主持。特僱用留學生多人在東京偵探革命黨舉動。駐日清使楊樞亦派員二十名分往各學校偵察學生之高談革命者。故丁未（清光緒三十三年）正月間。早稻田大學斥退中國學生十九人。中央大學斥退二十人。徇楊樞請也。

革命書報之紛起　丙午丁未戊申（清光緒三十四五六年）三年間。留學界革命書報隨民報而興者。有田桐雷鐵崖高天梅等之復報。甯調元等之洞庭波。董修武李肇甫等之鵑聲。呂天民楊秋帆等之雲南。景定成谷思慎劉樸忱等之漢幟。夏重民等之日華新報。但燾等之漢風。程克等之河南。盧信黃增耆之大江報。劉光漢何殷振等之天義報等等。此外關於革命排滿之出版物。無慮百數十種。就中天義報爲提倡極端社會主義之機關。吾國雜誌之鼓吹社會主義者。以該報爲濫觴。

中山離日之黨潮　丁未正月二十日。日政府徇清公使楊樞之求。令中山出境。同時饋中山以贐儀數千元。東京股票買賣商鈴木久五郎聞之。亦慨然贈送一萬元。（按鈴木後任衆議院議員現已破產）中山遂赴南洋籌畫惠潮軍事。瀕行留給民報維持費二千元。同盟會會員章太炎張繼宋教仁譚人鳳白逾桓日人平山周等。對於中山受日人贐金事。大起非議。及潮惠欽廉軍事相繼失利。反對者日衆。章等復有革除中山總理之提案。獨庶務幹事劉揆一力排衆議。嘗因此事與張繼互相毆打。其後劉光漢復提議改組本部案。日本社會黨員北輝次郎和田三郎等主張尤力。故光漢等會極力援引北輝和田二人充任同盟會幹事。亦以劉揆一反對而止。同盟會本部事例。總理外出時。向由庶務幹事代行職權。故中山初次離日。黃克強代之。克強離日。張繼代之。張離日。朱炳麟孫毓筠劉揆一先後代之。時劉以黨內糾紛日甚。乃移函馮自由胡漢民。請勸告中山。使向東京本部引咎謝罪。以平衆憤。且引萬方有罪罪在一人之古語爲譬。馮胡亦然其議。詎中山復書謂黨內糾紛。惟事實足以解決。無引咎之理由可言。未幾鎮南關河口相繼發難。東京黨員紛紛歸國。反對之聲始漸沈寂。

陳天華

政聞社開幕之武劇　丁未六月初八日（陽曆七月十七日）立憲黨人梁啓超蔣智由楊度陳景仁等開政聞

社成立大會於錦輝館。革命黨員張繼金剛陶成章夏重民等號召同志多人。謀到場破壞其事。是日會衆約千二百人。政聞社員約百人。中立派約百人。革命黨員逾千人。大有反客爲主之勢。日本名士犬養毅等十餘人亦被邀赴會。蔣智由先知有變不至。梁啓超預僱日本力士保護。登臺演說。一語未畢。張繼厲聲斥之曰。馬鹿馬鹿。於是金剛陶成章夏重民馬伯援等四百餘人齊聲喝打。嗾擁向前。梁啓超跳自樓曲旋轉而墮。或以木屐擲之。中頰。張繼金剛等遂跳上演壇。衆大歡呼。政聞社員皆去赤帶徽章以自明。陸續引去。張繼於是大演說革命。塲中形勢一變。鼓掌而散。自是政聞社員紛紛回國請願立憲。康有爲梁啓超亦假此名義向海外華僑募款。至戊申六月廿七日。清政府竟下令將政聞社員法部主事陳景仁革職看管。七月復諭各省督撫將政聞社員一律嚴加緝捕。毋任漏網。

變節黨員之末路　戊申己酉間。安徽黨員程家檉受清肅王善耆鐵良等運動。欲以三萬金收買革命黨員若干。使供清廷之用。程告劉揆一。謂不妨受金。而勿爲所用。革命黨得此巨資。大有利於軍事進行。劉以不飲盜泉拒之。程自是爲同志所厭棄。竟赴北京向善耆討生活。同時劉光漢何殷振夫婦及汪公權三人亦受端方厚賄。相率叛黨而降清。汪於戊申冬返上海。充清吏偵探。陷害同志張恭陳陶怡。大動長江沿岸黨員公憤。卒爲同志俠客王金發所戮。又有安徽黨員孫祝丹。因于戊申間有陷害熊承基之嫌疑。被江蘇人方瀏等暗殺於東京。剖割其屍體。投之於河。日警無知之者。

民報封禁與復版　民報出版至第二十四號時。適清政府派唐紹儀爲中美聯盟專使。唐過日本。遭民報攻擊。清使館乃向日政府交涉。以封禁民報爲請。日本慮中美同盟之成。足以妨害己國權利也。竟從清吏所求以媚之。時黃克强方由南洋至日未久。與章太炎宋教仁謀。擬將民報遷往美國出版。黃章宋三人　赴美護照已由美人宣教師某設法取得。旋因有他項計畫。終不果行。民報停刊後二年。汪精衛於己酉（清宣統元年）十二月廿二日（陽歷二月一日）以法國巴黎濮侶街四號總發行所名義繼續出版。實則仍在日本印刷。僅出兩期。至第二十六號而止。

中山到日之被拒　庚戌春間。中山自美至日。爲清代理公使吳振麟所知。因請日政府拒絕中山入境。故中山到東數日。日政府卽下逐客令。中山不得已仍赴南洋。

第二十六章　乙巳吳樾謀炸清五臣

革命潮與僞立憲　實行前之著作　淸五臣之炸傷　汪炘之被逮

吳樾

革命潮與僞立憲　淸季革命潮流。汎濫各省。滿淸政府鑒於內憂外患。亟思所以消弭之法。駐法公使孫寶琦首以立憲爲請。各督撫中亦有主張者。諸王公大臣略爲所動。乃於乙巳（淸光緒三十一年）六月。命鎮國公載澤戶部侍郞戴鴻慈兵部侍郞徐世昌湖南巡撫端方分赴東西洋各國。攷察憲政。藉以掩飾中外耳目。收攬人心。詔旣下。立憲黨人謂此爲實行立憲之先聲。莫不額手稱慶。歌頌聖明。康有爲且令保皇會易名帝國憲政會焉。

誅奸之决心　安徽人吳樾。號孟俠。銅城名家子。少有救世之志。及長。遍讀革命排滿書籍。乃醉心民族主義。極慕孫逸仙章太炎爲人。思欲結交而未得門徑。癸卯歲。萬福華狙擊王之春於上海。吳聞之精神勃發。謂對付賣國賊。自當用暗殺手段。但製做賣國賊者爲滿洲政府。擒賊擒王。不可不殲厥渠魁。以警餘衆。王之春特一小卒。無狙擊之價值。如此大才小用。未免可惜云云。未幾清戶部侍郎鐵良南下。搜括民財。急於星火。東南各省元氣大損。怨聲載道。有志士王漢謀狙擊之於順德府。顧以警衛森嚴。無從下手。憤而自殺。吳聞訊。益爲痛恨。慨然以後起自任。正在籌備間。而清廷忽有派遣五大臣出洋攷察憲政之報。吳恐立憲告成。益不利于漢族。乃决以炸鐵良之計畫。轉而施諸考察憲政之五大臣。初從日本購得短槍。繼念短槍之効力不大。殊不足以盡殲載澤諸人。遂從友人學習製造炸彈及配置炸藥方法。學成後。卽束裝北上。伺機而動。

實行前之著作　吳旣立志行炸滿奴。乃以所抱志願詳告其未婚妻。有願子爲羅蘭夫人。及欲子他年與吾並立銅像之語。復于北上時。以其所見筆之于書。題曰暗殺時代。文長萬餘言。詳見民報特刊天討號。又於行事前十日。先後郵寄兩書於其未婚妻。其後書發揮反對滿洲立憲之意見。尤爲透闢。玆錄其遺著原序如下。

予生八年即失母。惟二兄撫養之。數年兄亡。予父棄官爲賈。至是迫於家計。不得安居。復奔走風塵間。集所得以爲予弟兄教養之用。予年十三。遂慕科名。歲歲疲於童試。年二十。始不復以八股爲事。日惟誦古文辭。有勸予應試者。輒拒之。年二十三。自念親老家貧。里處終無所事。乃飄然遊吳。不遇。遂北上。斯時所與交遊者。非官即幕。自不免怦怦然動功名之念矣。逾年因同鄉某君之勸。考入學堂肄業。於是得出身派教習之思想。時往來於胸中。豈復知朝廷爲異族。而此身日在奴隸叢中耶。又逾年秋。友人某君授予以革命軍一書。三讀不置。適是時奉天被佔。各報傳驚。至時而知國家危亡之在邇。舉昔卑污之思想一變而新之。然於朝廷之爲異族與否。仍不在意念中也。逾時某君又假予以清議報。閱未終編。而作者之主義即化爲我之主義矣。日日言立憲。日日望立憲。向人則曰西后之誤國。今皇之聖明。人有非康梁者。則排斥之。即自問亦信梁氏之說之登我於彼岸也。又逾時。得閱中國白話報警鐘報自由血孫逸仙新廣東新湖南廣長舌攘書警世鐘近世中國祕史黃帝魂等書。於是思想又一變。而主義隨之。乃知前次梁氏之說幾誤我矣。夫梁氏之爲滿酋遊說。有革命之思想者皆能詳言之。無俟我嘵嘵矣。然予復恨梁氏之說之幾以誤我者。其誤我同胞。當不止千萬也。予願同胞甯爲夢夢不醒之

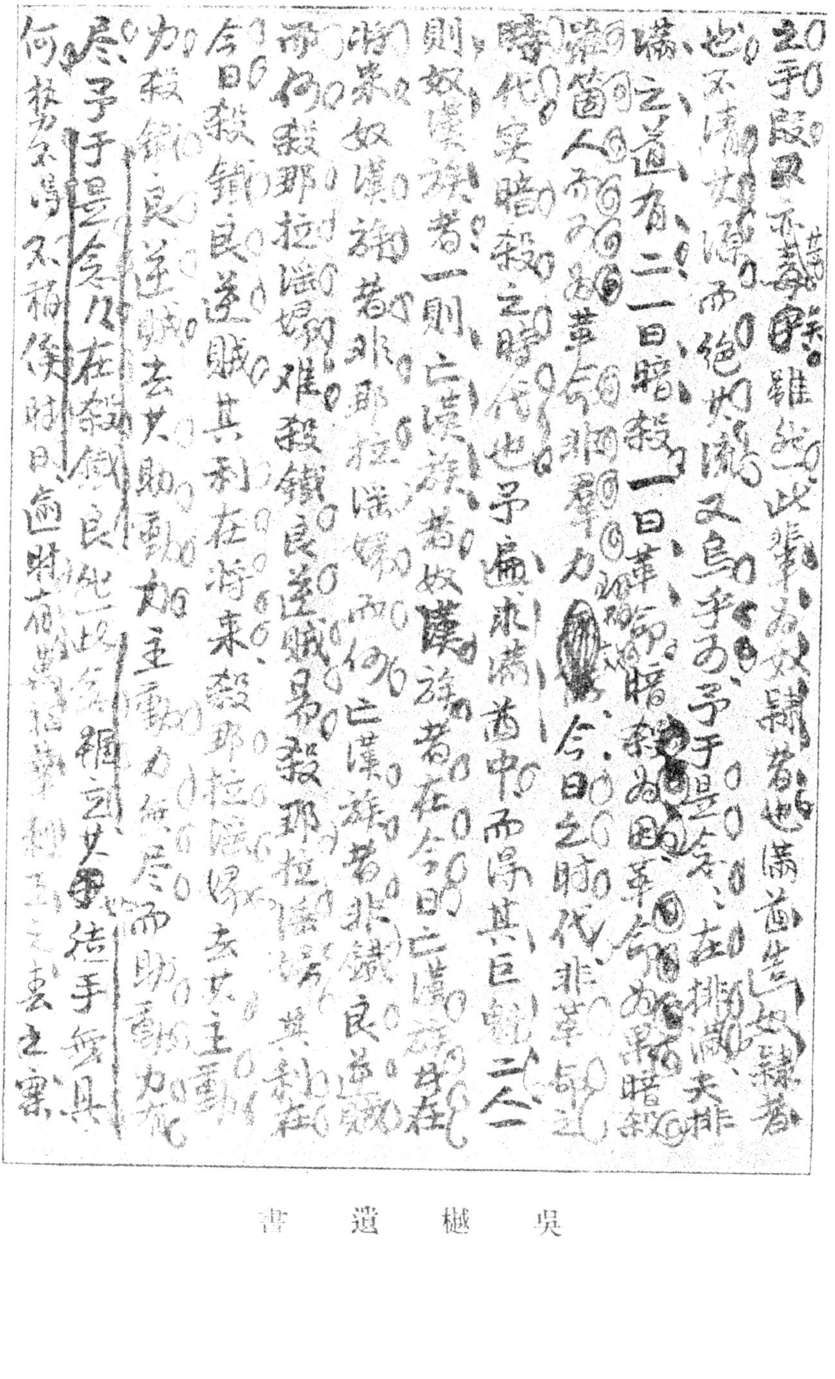

之手段，不尊崇。雖然，此非為奴隸者也。滿酋者，奴隸者
也。不清[illegible]而絕[illegible]滿，又烏乎可？予于是念之，在排滿。夫排
滿之道有二：一曰暗殺，一曰革命。暗殺為因，革命為果。暗殺
[illegible]個人而可為，革命非群力不可。今日之時代，非革命之
時代，實暗殺之時代也。予遍求滿酋中，而得其巨魁二人：
則奴漢族者一，則亡漢族者一。奴漢族者在今日，亡漢族者在
將來。奴漢族者非那拉淫婦而何？亡漢族者非鐵良逆賊
而何？殺那拉淫婦難，殺鐵良逆賊易；殺那拉淫婦，其利在
今日；殺鐵良逆賊，其利在將來。殺那拉淫婦，去其大主動
力；殺鐵良逆賊，去其大助動力。主動力無，盡而助動力[illegible]
盡。予于是念及，在殺鐵良。[illegible]之大[illegible]徒手無具，
何[illegible]不得不稍俟時日。[illegible]之策。

漢族愚民。而不爲半睡半醒之滿洲走狗。蓋夢夢不醒之愚民。其天良未泯。雖認賊作父。亦苦於不自知。一旦夢醒。究未有不欲殺盡逆賊而復九世之仇也。若半睡半醒之滿奴。名則以瑪志尼加富爾自居。實則吳三桂洪承疇之不若。甚至欲遂一己之利。甘作同胞之公敵。有告以宗旨之不正。而行事之皆私者。彼則積羞怒而成仇。遂不惜強詞以奪理。昌言曰。國朝之制。滿漢平等。又曰滿洲之政治爲大地萬國所未有。又曰今皇仁聖。不惜犧牲己位。以立憲政。此等云云。蓋欲斷送漢族於無自立之一日。而爲滿洲謀其子孫帝王萬世之業也。予於是念念欲殺盡此輩。而此輩皆漢人也。皆漢人而爲滿酋之奴隸也。滿酋之使此輩爲奴爲隸。甘害同胞。以利異族。則滿酋之手段不亦其毒矣。雖然。此輩爲奴隸者也。滿酋做奴隸者也。不淸其源。而絕其流。又烏乎可。予于是念念在排滿。夫排滿之道有二。一曰暗殺。一曰革命。暗殺爲因。革命爲果。暗殺雖個人而可爲。革命非羣力卽不效。今日之時代。非革命之時代。實暗殺之時代也。予遍求滿酋中而得其巨魁二人。一則奴漢族者。一則亡漢族者。奴漢族者在今日。亡漢族者在將來。奴漢族者非那拉淫婦而何。亡漢族者非鐵良逆賊而何。殺那拉淫婦難。殺鐵良逆賊易。殺那拉淫婦其利在今日。殺鐵良逆賊。其利在將來。殺那拉淫婦。去其主動力。殺鐵良逆賊。去其助動力。主動力無盡。而助動力有盡。予于是念念在殺鐵良。然此念雖立。其如徒手無具何。勢不得不稍俟時日。逾時有萬福華刺王之春案出。又逾時忽有刺客某刺鐵良逆賊未成而遁。並有王漢謀刺鐵良逆賊未遂。而先自盡報。之三子者。其志可嘉。其風可慕。然予不能不爲之抱憾者。蓋以萬子之刺術固疎。而所指之事亦不過曰聯俄之主義而已。夫以聯俄之主義爲非。則所是者必在聯日。聯俄主之滿洲。聯日亦主之滿洲。滿洲既不可恃。日人又安可恃乎。試問今日我同胞其不欲自去奴隸之籍則已。苟欲去之。則必先事排滿。而排外非所計也。若刺客某。則又不免失之于怯。雖其目的較萬子爲善。而于生死關頭又不若萬子之分明矣。若王子則心有餘而智不足。雖其一死足以加勉他人。而于事實上不免失之一籌。使于順德失望時。即起身來京。或者卒成其志。究未可知。即不遇。亦可將鐵良同類之人一刺之。以爲代價。則王子不虛死矣。雖然。王子之死。非勉他人。乃勉我耳。予之存此志。已有數月。（此志偶于友人某君前言之。計在萬福華以前數月）王子復先我而行之。雖其不成。亦足見王子之志與我同也。王子有靈。當不使我復蹈萬子之轍。今者予之槍具已自日本購來。其遲遲吾行者。一因此身之事務未清。二因其人受再次之驚。家居多所防備。擬緩數月。觀其動靜。然後就道。

斯時友人某君知予之志。遂勸予筆之於書。以遺後世。以釋人惑。予自維素不能文。即強爲之。焉能言之成理。足以動人觀聽。且以我心之所求者在實事。而不在虛文。使來者省事虛文。恐實事終無可成之日。予願予死後。化一我而爲千萬。我前仆而後者起。不殺不休。不盡不止。則予之死爲有濟也。然一念萬王二子之後。竟未聞有接踵而興者。則予當此發軔之始。似不宜不有所觀感於同胞矣。今則邇來之所見。並信札之有關切於此者。亦連類及之。綴爲若干篇。名曰暗殺時代。是爲序。

清五臣被炸之倖免　乙巳八月二十六日。清五大臣載澤等自北京赴天津。擬取道放洋。當其至前門車站登車時。京中王公大臣送行者極形擠擁。吳樾預偕山東人張榕。僞飾僕人裝。攜炸彈登車。準備拋擲。詎列車與機關車相拍合之際。車身卒然後退。來客爲之傾側。吳之炸彈爲撞針式。其針受此打擊。未及拋擲。已自爆裂。轟然一聲。鐵片四散。吳下身先震碎。即重傷死。車旁傷斃三人。載澤紹英同受微傷。伍廷芳時在車站送行。兩耳亦被震傷。張榕以立處距離尚遠。未罹於難。事變後。清廷大震。有詔令將所有外城工巡局委員及南營參將鐵路車站委員等從嚴究辦。徐世昌紹英遇炸後不果行。九月清廷改派山東布政使尚其亨順天府丞李盛鐸代之。

汪炘之被逮　吳殉義後。清政府迄不知刺客爲何如人。雖嚴督步軍統領順天府尹限期破獲。久無消息。至十月。天津警察憑線在北京桐城會館捕獲吳之同黨汪炘。始悉刺客爲桐城人吳樾。而吳名乃大顯於世。

第二十七章　革命方略

軍政府宣言　軍政府與各國民軍之關係條件　軍隊之編制　將官之等級　軍餉　戰士賞恤　軍律　略地規則　因糧規則　安民布告　對外宣言　招降滿洲將士布告　掃除滿洲租稅釐捐布告

革命方略乃丙午年東京同盟會本部所編制。爲一種之油印品。丁未潮州黃岡及惠州七女湖二役。皆嘗用之。及中山自日本赴越南。革命軍之大本營遂移于東京河內。同時復將原稿重行修訂焉。自是防城馬篤山鎭南關河口廣州諸役所有一切規制組織文告等等皆沿用勿替。茲編所載。卽河內機關部修訂之油印品也。照錄全文如左。

（一）軍政府宣言

天運歲次　年　月　日中華國民軍　軍都督　奉軍政府命。以軍政府之宗旨及條理布告國民。今者國民軍起。立軍政府。滌二百六十年之羶腥。復四千年之祖國。謀四萬萬人之福祉。此不獨軍政府責無旁貸。凡我國民皆當引爲己責者也。維我中國開國以來。以中國人治中國。雖間有異族篡據。我祖我宗常能驅除光復。以貽後人。今漢人倡率義師。殄除胡虜。

此為上繼先人遺烈。大義所在。凡我漢人。當無不曉然。惟前代革命。如有明及太平天國。祇以驅除光復自任。此外無所轉移。我等今日與前代殊。於驅除韃虜恢復中華之外。國體民生尚當與民變革。雖經緯萬端。要其一貫之精神。則為自由平等博愛。故前代為英雄革命。今日為國民革命。所謂國民革命者。一國之人皆有自由平等博愛之精神。即皆負革命之責任。軍政府特為其樞機而已。自今以往。國民之責任。即軍政府之責任。軍政府之功。

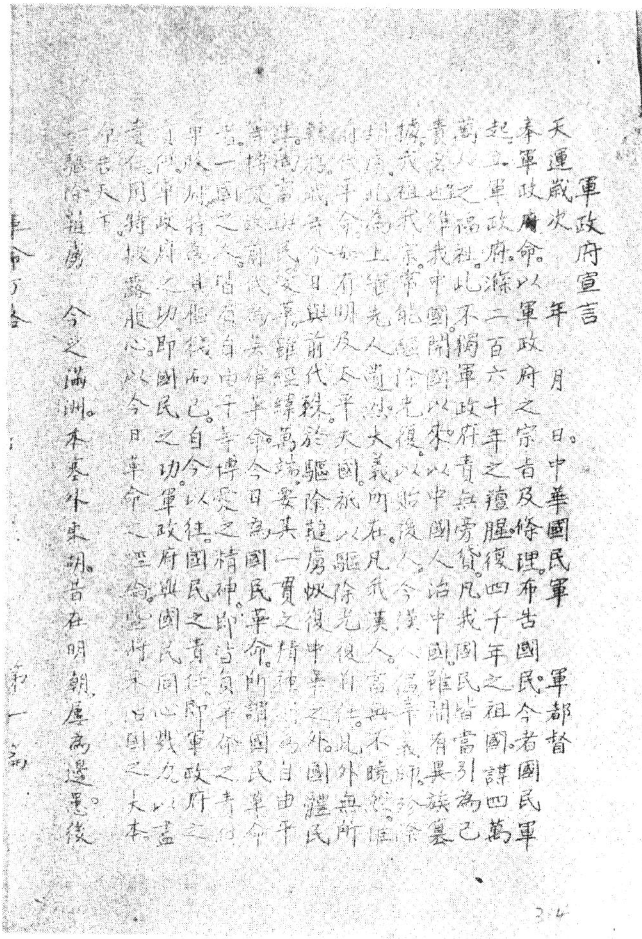

軍政府宣言

天運歲次　年　月　日。中華國民軍　軍都督奉軍政府命。以軍政府之宗旨及條理。布告國民。今者國民軍起。立軍政府。滌二百六十年之羶腥。復四千年之祖國。謀四萬萬人之福祉。此不獨軍政府責無旁貸。凡我國民皆當引為己任者也。維我中國開國以來。以中國人治中國。雖間有異族篡據。我祖我宗常能驅除光復。以貽後人。今漢人倡率義師。殄除胡虜。此為上繼先人遺烈。大義所在。凡我漢人當無不曉然。惟前代革命。如有明及太平天國。祇以驅除光復自任。此外無所轉移。我等今日與前代殊。於驅除韃虜恢復中華之外。國體民生尚當與民變革。雖經緯萬端。要其一貫之精神。則為自由平等博愛。故前代為英雄革命。今日為國民革命。所謂國民革命者。一國之人皆有自由平等博愛之精神。即皆負革命之責任。軍政府特為其樞機而已。自今以往。國民之責任。即軍政府之責任。軍政府之功。即國民之功。軍政府與國民同心戮力。以盡革命之責任。軍政府特以今日革命之經綸暨將來治國之大本。布告天下。

一曰驅除韃虜　今之滿洲。本塞外東胡。昔在明朝。屢為邊患。後

革命方略

革命方略原本第一篇攝影

即國民之功。軍政府與國民同心戮力。以盡責任。用特披露腹心。以今日革命之經綸。暨將來治國之大本。布告天下。

（一）驅除韃虜　今日之滿洲。本塞外東胡。昔在明朝。屢爲邊患。後乘中國多事。長驅入關。滅我中國。據我政府。迫我漢人爲其奴隸。有不從者。殺戮億萬。我漢人爲亡國之民者。二百六十年於斯。滿洲政府窮兇極惡。今已貫盈。義師所指。覆彼政府。還我主權。其滿洲漢軍人等如悔悟來降者。免其罪。敢有抵抗。殺無赦。漢人有爲滿奴以作漢奸者。亦如之。

（二）恢復中華　中國者。中國人之中國。中國之政治。中國人任之。驅除韃虜之後。光復我民族的國家。敢有爲石敬塘吳三桂之所爲者。天下共擊之。

（三）建立民國　今者由平民革命以建國民政府。凡爲國民皆平等以有參政權。大總統由國民共舉。議會以國民共舉之。議員搆成之。制定中華民國憲法。人人共守。敢有帝制自爲者。天下共擊之。

（四）平均地權　文明之福祉。國民平等以享之。當改良社會經濟組織。核定天下地價。其現有之地值。仍屬原主所有。其革命後社會改良進步之增價。則歸于國家。爲國民所共享。肇造社會的國家。俾家給人足。四海之內。無一夫不獲其所。敢有壟斷以制國民之生命者。與衆棄之。

右四綱。其措施之序則分三期。第一期爲軍法之治。義師旣起。各地反正。土地人民新脫滿洲之羈絆。臨敵者宜同仇敵愾。內輯族人。外禦寇讎。軍隊與人民同受治於軍法之下。軍隊爲人民戮力破敵。人民供軍隊之需要。及不妨其安甯。旣破敵者及未破敵者。地方行政。軍政府總攝之。以次掃除積弊。政治之害。如政府之壓制。官吏之貪婪。差役之勒索。刑罰之殘酷。抽捐之橫暴。辮髮之屈辱。與滿洲勢力同時斬絕。風俗之害。如奴婢之蓄養。纏足之殘忍。鴉片之流毒。風水之阻害。亦一切禁止。每一縣以三年爲限。其未及三年已有成效者。皆解軍法。布約法。第二期爲約法之治。每一縣旣解軍法之後。軍政府以地方自治權歸之其地之人民。地方議會議員及地方行政官。皆由人民選舉。凡軍政府對於人民之權利義務。及人民對於軍政府之權利義務。悉規定於約法。軍政府與地方議會及人民各循守之。有違法者負其責任。以天下平定後六年爲限。始解約法。布憲法。第三期爲憲法之治。全國行約法六年後。制定憲法。軍政府解兵權行政權。國民公舉大總統及公舉議員。以組織國會。一國之政事。依於憲法以行之。此三期。第一期爲軍政府督率國民掃除舊汚之時代。第二期爲軍政府授地方自治權於人民。而自總攬國事之時代。第三期爲軍政府解除權柄。憲法上國家機關分掌國事之時代。俾我國民循序以進。養成自由平等之資格。中華民國之根本。胥於是乎在焉。

以上爲綱有四。其序有三。軍政府爲國戮力。矢信矢忠。終始不渝。尤深信我國民必能踔厲堅忍。共成大業。漢族神靈。久焜耀於四海。比遭邦家多難。困苦百折。今際光復時代。其人人各發揚其精色。我漢人同爲軒轅之子孫。國人相視皆伯叔兄弟諸姑姊妹。一切平等。無有貴賤之差。貧富之別。休戚與共。患難相救。同心同德。以衛國保種自任。戰士不愛其命。閭閻不惜其力。則革命可成。民政可立。願我四萬萬人共勉之。

（二）軍政府與各國民軍之關係條件

（一）各處國民軍每軍立一都督。以起義之首領任之。

（二）軍都督有全權掌理軍務便宜之事。

（三）關於重大之外交。軍都督當受命於軍政府。

（四）關於國體之制定。軍都督當受命於軍政府。

（五）國旗。軍政府宣言。安民布告。對外宣言。軍都督當依軍政府所定。不得變更。

（六）略地因糧等規則。軍都督當依軍政府所定。惟參酌機宜。得變通辦理。

（七）以上各條。爲軍政府與軍都督未交通前之關係條件。其既交通後。別設規則以處理之。

（三）軍隊之編制

步兵

（一）以八人爲一排。於八人中設排長一人。副排長一人。共八人。

（二）以三排爲一列。外列長一人。共二十五人。

（三）以四列爲一隊。外隊長一人。副隊長二人。號旗手二人。號筒手二人。共一百零七人。

（四）以四隊爲一營。營長一人。副營長二人。鼓樂手八人。營旗手三人。主計一人。書記一人。共四百四十四人。排夫伙夫別計。

（五）以四營爲一標。外設標統一人。副標統二人。參謀六人。傳令十二人。主計一人。書記二人。共一千八百人。砲隊一。工隊一。醫隊一。輜重隊一。

騎兵砲兵輜重隊醫隊之編制。軍政府未制定以前。標統定　。旅團以上。將來軍政府定之。

（四）將官之等級

第一級　第二級　第三級

都督　副督　參督

第四級　第五級　第六級

都尉　副尉　參尉

第七級　第八級　第九級

都校　副校　參校

（五）軍餉

步兵　每月餉銀〇〇元

副排長　〇〇元

排長　〇〇元

每隊號旗手號筒手　〇〇元

每營鼓樂手營旗手　〇〇元

列長　〇〇元

副隊長　〇〇元

隊長　〇〇元

營主計書記　〇〇元
副營長　〇〇元
營長　〇〇元
標傳令　〇〇元
標主計書記　〇〇元
參謀　〇〇元
副標統　〇〇元
標統　〇〇元

騎兵隊砲兵隊醫隊輜重隊及排夫伙夫等月餉。軍政府未發布以前。由其標統自定。

旅團長以上俸銀。將來由政府定之。

（六）戰士賞恤

第一　賞典

一，記大功者

（甲）率先起義者　按其招集人數之多寡以定次數。

（乙）攻克城鎮鄉村者。按其占領地方之險夷廣狹。及戶口之多寡。以定次數。

（丙）勦破敵軍者。按其破壞敵軍武力之大小。以定次數。

（丁）降服城鎮鄉村及降服敵軍者。與乙丙同。

（戊）以城鎮鄉村軍隊反正來歸者。與乙丙同。

（己）防守城鎮鄉村力却敵軍者。與乙丙同。

二，記功者

（甲）殺敵數人其功昭著者。按敵人之職分及數之多寡以定次數。

（乙）俘獲敵軍者。與甲同。

（丙）奪得敵軍糧食器械馬匹者。按其品質數量。以定次數。

（丁）探報敵情冒險得實者。按其關係之輕重以定次數。

（戊）交戰出力者。

（己）救援本軍將士出險者。

（庚）在營一年。能守紀律者。記功一次。每多一年。則多一次。以上記大功及記功者。由軍政府議定行賞。

為鼓勵戰士起見。軍都督有隨時行賞之權。

第二　恤　典

（一）凡交戰受傷。以致殘疾不能任職者。其退伍後。照本人現俸現餉賞給終身。

（二）凡在軍身故者。無論將校兵士。均查明本人之父母妻子女。每月給養贍費。父母妻養至終身。子女養至二十歲。所給之費。兵士視其立功多寡。將校視其官職高下。

（七）軍　律

（一）不聽號令者殺

（二）反奸者殺

（三）降敵被獲者殺

（四）私通軍情於敵者殺

（五）洩漏軍情者殺

（六）臨陣退縮者殺

（七）臨陣逃潰者殺

（八）造謠者殺

（九）私逃者殺

（十）任意擄掠者殺

（十一）強姦婦女者殺

（十二）焚殺良民者殺

（十三）殺外國人焚拆教堂者殺

（十四）勒索強買者論情抵罪

（十五）私鬪殺傷者論情抵罪

（十六）遺失軍械資糧者論情抵罪

（十七）獲敵資糧軍械藏匿不報者罰

（十八）私入良民家宅者罰

（十九）盜竊者罰

（二十）賭博者罰

（廿一）喫鴉片者罰

（廿二）縱酒行兇者罰

（八）略地規則

略地者。謂略定其地。上而省會。下而州縣。凡前者滿洲勢力所及。使由此歸屬於我軍政府權力之下也。

第一　略地之分別

其分別有三。（甲）就於我軍攻取而得者。（乙）就於義民響應者。（丙）就於敵之文武官反正來附者。其略地之辦法各稍有不同。分類說明如下。

第二　略地之辦法

（甲）就於我軍攻取而得者

（一）樹立國旗　就其所得城鎮營壘。樹立國旗。宣揚國威。

（二）暫禁居民來往　於入城鎮之始。下令暫時禁止居民來往。派兵士守視通衢。俟一二日後安民局設立。按戶發給執照後。始許通行。

（說明）此因入城之始。人心未定。暫禁其來往。一以便軍隊行動布置。二以免奸民乘機搶掠也。

（三）繳收敵人軍器糧食　所有淸兵軍器概要繳交。其營中所積聚之糧食。亦要繳出。然後聽憑我軍安置之。

（說明）此時淸兵已失戰鬥之力。然慮其藏匿軍器糧食。仍然爲患。故必嚴令繳出。

（四）收取官印文憑及其文書册籍。封府庫官業。官印文書等恐其散失。宜收取之。交安民局保存。其府庫官業。則交因糧局點收。

（五）破監獄釋囚徒　破監獄盡釋囚徒。諭以義師所至。滿洲殘刑苛法一切掃除。諸囚中無辜被禍者。皆復其自由。有罪者亦令自新。俾人民永不受苛法之苦。

（六）設安民局　每縣設一安民局。立局長一人。局員十人。顧問員十人。局員擇用營中人或地方紳士。顧問員則皆以地方紳士充之。均聽命於局長。

局中得雇用巡查若干名。其人數視地方之大小定之。安民局之事務。其急要者如下。

（一）發布告　印刷安民布告。分貼當衆之地。使人民曉知我軍隊之大義。

（二）編門牌　循街之方向。由東至西。由南至北。按門發牌。宜左單右雙。每街分左右統計其戶數。

（三）付通行照　每戶發通行照一紙。每紙止許一人執用來往。夜出者。必攜街燈。其執某戶之照出街。犯事惟該戶是問。

（四）查戶口　由安民局派員偕同地方甲長街正人等清查戶口。每戶要實核其現在住居之人口。編載冊籍。

（五）撫瘡痍　其居民有因兵事受傷損者。或破壞家屋物業者。賑恤之。

（六）定流亡　居民有因兵事流離失所者。設法安置之。

（七）詰奸宄　如查有爲滿洲作奸細。及爲妨害我軍隊之行爲者。捕獲送軍前究辦。查有强盜匪徒擾害居民者。捕獲之後。重則送於軍前。輕則由局究辦。

（八）妨火害命巡查周視。以防火警。其有存惹火之物者。尤要注意。

（七）設因糧局　別有因糧局規則參照。

（八）分別處官吏　凡軍到卽降之官吏。保護其身家。願留營者量才器使。願還鄉者厚給資斧。護送歸家。其抗拒至力盡始降之官吏。則僅予免死。

（九）招集地方精壯編入軍隊　按照軍隊編制之法辦理。

（十）相機防守　察看地方險隘。分別駐兵防守。

（十一）通報軍政府或就近大軍。候派員妥理。以布新政。

（乙）就於義民響應者

凡義民響應者。必將該處地方官誅戮。或捕送至軍隊之前。始爲響應之實據。

凡義民響應投到。軍隊卽派兵隨往。辦理之法如下。

（一）樹立國旗　辦法詳上

（二）點收官印文憑及一切官業　辦法詳上

（三）設安民局　所有安民要務八項悉如上辦法

（四）設因糧局

（五）將義民編入軍隊與義軍一體優待

（六）相機防守　詳上

（七）通報大營　詳上

（丙）就於敵之文武官反正來附者

凡反正之官。必將其官印文書及具有永遠降服誓表送至軍隊之前。始爲反正之確據。

凡有反正者。該文武官投到軍隊。卽由軍隊派員與該地方官協同權理政事。以待軍政府接收後改布新政。

該反正之文武官。照現在之廉俸倍給之。至於終身。如其才可用。別有任使者。其所得官俸不在此限。

（九）因糧規則

第一　因糧局

（一）每軍設因糧局專司因糧之事。

（二）因糧局因糧之標準。須每日以十人養一兵。凡軍行所至之地。因人民之多寡。以定駐軍之多少。

（三）因糧局須設充公冊，收買冊，債券冊，收捐冊。除充公冊外。皆須用三聯單分類處理。

第二　因糧之法

（甲）充公

（一）一切官業。

（二）反抗軍政府之滿洲官吏家產。

（三）反抗軍政府之人民家產。

（四）以上三種由因糧局立冊。將所充公產物之文契數量分類登記。

（乙）收買

（一）將境內一切可應軍用之貨物給價收買貯存。以便隨時之用。
（二）收買貨物。若現銀不足。可先給軍中憑票。記載價額。及結價日期。由因糧局支給。若過期不能支給。則從此起計五厘週息。
（三）凡收貨物。物主不得抗違。違者處罰。

（丙）借債及捐輸

（一）凡軍隊所至。得與境內人民有家產者借用現銀。以供軍需。借款後。由因糧局發還債券。記載債主姓名籍貫住所及其數目鈐印爲據。交債主收執。自給債券之日起。至遲以六個月。由因糧局償還。若滿六個月限不償還。則自滿限以後起。給二厘週息。
（二）凡境內人民家產過一萬元以上者。由因糧局令捐十分之一。以供軍需。五萬元以上者捐十分之二。十萬元以上者捐十分之三。五十萬元以上者捐十分之四。百萬元以上者捐十分之五。千萬以上者與百萬元者同。
（三）凡因糧局認定當借債及捐輸者。不得有違。違者處罰。

（丁）軍事用票

（一）設軍事用票發行局。附屬於因糧局。

（二）每軍得度其收入財產之數。撥歸軍事用票發行局作按。發行軍事用票。

（三）發行軍事用票之數。以倍於作按之數爲限。

（說明）例如軍中收入財產共值銀十萬元。以之作按。發行軍事用票二十萬元。則軍需可裕。所以發行之數限於二十萬元者。因止有十萬元者作按。如發票過二十萬元以上。則不足以代表實銀。而票之信用失。價値跌。或爲空頭票。發行愈多。此弊愈大。軍隊非惟不能多得一錢之用。反將可以發行無弊之二十萬元票。亦失其用而至於坐弊也。

（四）軍事用票發行局得設發行員五人以上。由軍都督指任之。

（五）軍事用票發行局設監查員十人以上。以債主捐主之負擔最巨者任之。

（六）發行員專管局中一切發行對換之事。

（七）發行軍事用票之先。發行員須通知監查員開會決議。監查員須查明軍事用票之數。是否照第三條之規定如數相符。則要認可發行。如有違額濫發。不得認可。

（說明）濫發之弊。前已言之。然當軍需孔亟時。往往不免。故發行局制度不可不精密。發行員外。更設監查員。此監查員須於本地方利害最有關係者。因軍隊之財取諸地方。而發行軍事用票。尤於地方財政有大關係也。債主捐主皆曾負擔軍餉者。倘再遇濫發。則受累更甚。故擇其負擔最巨者爲監查員。凡發行軍事用票。必須得其許可。如票數止較作按之數加一倍。則尙足以資對換周轉。濫發則軍隊人民立受其害。宜阻止之。

（八）發行員未經監查會之認可。不得發行軍事用票。

（九）凡經監查員開會決議反對違額濫發軍事用票。軍都督不得強行之。

（十）軍事用票每張銀額最多不得過百元。最少不得過一元。

（十一）軍事用票之形式如左。

軍事用票

某軍軍事用票發行局

△圓正

年月日押

（十二）軍事用票須照每張定額使用。不得跌價。

（十三）發行軍事用票之後。俟將來軍政府與該軍會合時。由軍政府調查該局發行票數。如與第三條定額相符。軍政府下令將發行之票對換收還。

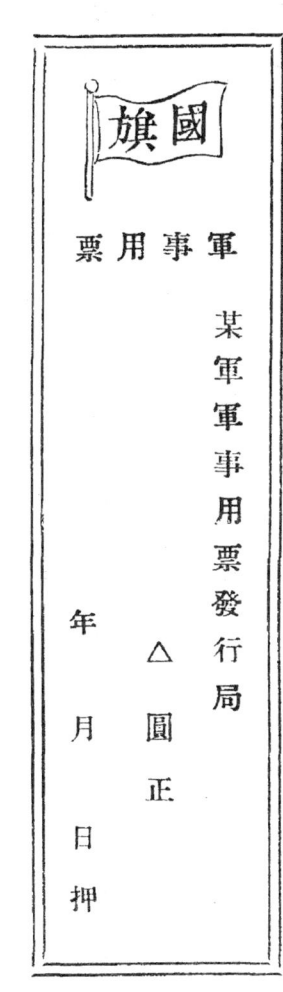

（說明）軍事用票發行之後。流通市面。與實銀同一使用。然其本體無眞價。不過代表實銀。不能永久。必須有收還之法。惟軍需浩繁。軍事用票止能行用於軍隊權力所及之地。其與外國交涉。仍須用實銀。故頗難常儲實銀。以備與人民對換。必俟與軍政府會合之後。始由軍政府之力以收回之也。惟必須所發之票。不逾第三條之定額。（即有十萬元之作按。始發行二十萬元之票）始能收還。否則軍政府亦不能塡濫發之壑。故濫發之弊。足使財政紛亂。不可不愼。

（十四）軍政府下令後。人民得憑軍事用票換回相當之實銀。其詳細規則。由軍政府臨時定之。

（十五）軍隊所到之地。凡平日清政府所發行之紙幣（銀紙）概作爲廢紙。

（十六）凡軍中捐輸。該捐主必須將軍事用票繳交因糧局。不得以現銀繳交。

（說明）軍事用票欲其流通市面。必須設此法。例如捐主捐十萬元。繳納時必須軍事用票。則不得不將現銀兌換軍事用票。始能繳納。則是軍事用票有不能不流通之勢。否則發行局自發行。人民自不使用。軍事用票失其效力矣。

天運歲次　年　月　日中華國民軍　軍都督　奉軍政府命布告安民。軍政府今日始能與我國伯叔兄弟諸姑姊妹相見於光天化日之下。爲二百六十年來我漢人未有之快樂。未有之慶幸。軍政府所以有此力量。能打破滿洲政府。悉由我漢族列祖列宗神靈默佑相助。使恢復我中華祖國。以有今日。軍政府宗旨。第一是爲民除害四字。大害不去。則小利不興。故目前尤以除害爲急務。我國民要脫滿洲政府束縛。要將滿洲政府所有壓制人民之手段。專制不平之政治。暴虐殘忍之刑罰。勒派加抽之苛捐。與及滿洲政府所縱容虎狼官吏。一切掃除，不容再有羶腥餘毒存留在我中華民國之內。此種思想。爲我中華四萬萬國民所同具。軍政府首先起義。效力驅除。以爲我國民發表此思想。所以稱爲中華民國軍政府。國民責任卽軍政府責任。軍政府功勞。不外國民功勞。軍政府願與國民同心協力。始終不變。故軍政府行動一切俱有紀律，軍隊所過地方。對於國民決不侵害。我國民不必猜疑驚恐。爲士者照常求學。爲農者照常耕種。爲工者照常工作。爲商者照常買賣。老少男女照常安樂居家。如果軍隊中有不法之人侵害我國民。卽爲賊害同胞。受害之人民。儘可控告到軍隊前。軍政府必盡法懲治。如果國民中有不肖之人私通滿洲。或作奸細。或作有害軍隊之行爲。亦是賊害同胞。軍政府查出實情。亦必盡法懲治。總之軍政府爲同胞出力。斷無損我國民之理。國民既明白軍政府宗旨。亦當安堵無恐。今日爲軍政府與國民相見之始。爲此布告我親愛之同胞知之。

（十一）對外宣言

中華國民軍奉命驅除異族專制政府。建立民國。同時對於友邦各國。益敦睦誼。以期維持世界之和平。增進人類之福祉。所有國民軍對外之行動宣言如下。

一所有中國前此與各國締結之條約皆繼續有效。

一償款外債照舊擔認。仍由各省洋關如數攤還。

一所有外人之既得權利。一體保護。

一保護外國留居軍政府占領之域內人民財產。

一所有清政府與各國所立條約所許各國權利。及與各國所借國債。其事件成立於此宣言之後者。軍政府概不承認。

一外人有加助清政府以妨害國民軍政府者。概以敵視。

一外人如有接濟清政府。以可爲戰爭用之物品。一概搜獲沒收。

（十二）招降滿洲將士報告

天運　年　月　日中華國民軍　軍都督　奉軍政府命。布告於我國民之爲滿洲政府逼迫以爲其軍之將校及兵士者。我輩皆中國人也。今則一爲中華國民軍之將士。一爲滿洲政府之將士。論情義則爲兄弟。論地位則爲仇讎。論心事則同是受滿洲政府之壓制。特一則奮激而起。一則隱忍未發。是我輩雖立於反對之地位。然情義具在。心事又未嘗不相合也。然則今日以後。或斷兄弟之情誼。而變爲仇讎。或雖仇讎之地位。而復爲兄弟。亦惟我國民之爲滿洲將士者自擇之而已。自國民軍起。移檄天下。民族主義。國民主義。炳然如日月。凡爲國民。無不激昂慷慨。敵愾同仇。誠以國民軍者。以國民組織而成。發表國民之心理。肩荷國民之責任。以主義集合。非以私人號召。故民之歸之。如水之就下也。我國民之爲滿洲將士者。非其本欲。特爲滿洲所迫。不得已而爲之。此時滿洲政府方又出其以漢人殺漢人之手段。驅之與國民軍爲敵。願我國民思之。本中國人。而當滿洲兵。以殺中國人爲職。撫心自問。甯能不動乎。我國民勿謂爲滿洲盡力乃所以報國也。中國亡於滿洲已二百六十餘年。我國民而有愛國心者。必當撲滅滿洲。以恢復祖國。倘反爲滿洲盡力。是甘事仇讎。而與祖國爲敵也。其身分爲奴隸。其用心爲梟獍。豈有人心者所忍爲乎。我國民又勿謂既食滿洲之祿。當忠於所事也。須知中國者。中國人之中國。及爲滿洲所奪。收中國人之財賦。以買中國人之死力。中國人效力滿洲。而食其祿者。譬此家財既爲強盜所奪。復爲強盜服役。以求得傭値。

境遇既慘。行爲尤賤矣。是故我國民之爲滿洲將士者。須以大義自持。知託身滿洲政府之下。乃由一時之束縛。常懷脫離獨立之志。際此國民軍大起之日。正當倒戈以向滿洲政府。而與國民軍合爲一體。方不失國民之本分也。彼滿洲以五百萬民族。陵制四萬萬漢人。而能安臥至二百六十年者。豈彼之力足以致之。徒以中國人不知大義。爲之効力。自戕同種。故滿人得以肆志耳。試觀滿洲入關以來。每遇漢人起義。輒用漢人剿平。殺人盈野。流血成河。皆漢人自相屠戮。而於滿人無所損。舉其大者。如嘉慶年間。漢人王三槐等舉義。四川湖南湖北陝西諸省相繼響應。滿洲政府勢垂危矣。八旗之兵望風奔潰。禁旅駐防。皆不可用。乃重用綠營。招募鄉勇。於是漢人楊遇春楊芳等爲之効力。屠戮同胞。死者億萬。川湖陝諸省遂復歸於滿洲主權之下。又如咸豐年間。太平天國起自廣西。東南諸省指顧而定。西北則張樂行等風馳雲捲。天下已非滿洲所有。其督師大臣如賽尙阿和春一敗塗地。事無可爲。及漢人曾國藩胡林翼左宗棠李鴻章等練湘軍淮軍。以與太平天國相殺。前後十二年。漢人相屠殆盡。滿人復安坐以有中國。凡此皆百年來事。我父老子弟耳熟能詳者也。漢人不起義則已。苟其起義。必非滿人所能敵。亦至明矣。所最可恨者。同是漢人。同處滿洲政府之下。同爲亡國之民。乃不念國恥。爲人爪牙。自殘骨肉。彼楊曾胡左李諸人是何心肝。必欲使其祖國。既將自由而復爲奴乎。自經諸役以後。滿人習知以漢人殺漢人最爲上策。故近來怵於革命之禍。日謀收天下之兵權。以滿人任統御。以漢人供驅役。一旦有事。則披堅執銳。冒矢石。當前敵。斷脰流血者。皆漢人也。而策殊勛。受上賞者。則滿洲人也。我國民之爲滿洲將士者。苟一念及身爲中國之人。當知助異族。殺同胞。爲天地所不容。可無待躊躇而斷然決心者。且我國民苟助滿洲。豈止爲國家之罪人而已。卽爲一身計。亦無所利。蓋滿洲之待漢人。不過視同奴隸。卽爲之盡死。亦毫不愛惜。嘉慶年間。川湖陝之役。綠營鄉勇立功最多。事後八旗受上賞。綠營諸將僅沾餘唾。至於鄉勇。解散之後窮困無聊。半世當兵。戰功盡爲八旗所冒。口糧復爲上官尅扣。出營之後。工商諸業久己荒疎。無以謀衣食。窮而爲盜。則被殺戮。於是蒲大芳等怨望作亂。楊芳楊遇春念其戰功。誘以甘言。使之降服。而滿洲政府震怒。黜楊芳使率蒲大芳等遠戍伊犂。其後密使人盡殺蒲大芳等數百人。無一得脫者。咸豐同治間。湘軍遍於十八行省。所至戮力破敵。敵軍既盡。湘軍解散。尅扣口糧。饑寒不免。其至豐者。不過給三月口糧。不敷歸家盤費。因此流離他省。父母妻子終身不復相見。而他省之人。以其當兵殺人。畏之如蛇蝎。視之爲仇讎。見其落拓。則又斥爲流氓。窮無所歸。乃相結會。以相依賴。而滿洲惡其結黨。捕拿殺戮。不可數計。是故川湖陝之氛告盡。

而鄉勇失所。太平天國既覆。而湘軍無歸。乃知滿洲政府之用漢人也。猶農夫之用牛也。既盡其力。則殺而烹之。無一毫人心相待。此其故何也。蓋以同胞殺同胞。實爲天下至賤之事。不惟爲萬國所鄙笑。同胞所切齒。卽滿洲人亦未嘗不存輕賤之心。以爲漢人相殺。乃其種性。宜其甘爲奴隸。萬劫不復。故既存輕賤之心。而對待之手段刻薄如此。卽使身居重鎭。屢立戰功者。而偶迕廷旨。緹騎立至。其他將校。受文官呵叱驅使。甚於僕隸。至于兵士所發口糧。不敷餬口。而一有戰事。卽責其死敵。是視之如蟲蟻耳。世人見滿洲刻薄寡恩。不重軍人。皆知歎息痛恨。豈知歐美日本各國所以尊重軍人者。以其爲國效力。倚若長城。故軍人之名譽。軍人之身份。皆爲社會所矜式。至於滿洲用中國人當兵。非以爲國家之干城。不過專防家賊。故其軍人以擁護仇讎爲天職。以屠戮同種爲立功。禽獸之行。宜爲世界所不齒。我國民之爲滿洲將士者。若猶有人心。當不待勸告。而決然倒戈反正。惟恐不速也。何用遲回審顧爲。意者或誤會國民軍之旨。以爲國民軍既與滿洲政府爲敵。則凡滿洲之將士皆所不容。雖欲反正。而無路可投乎。然同是漢人。地位雖殊。情義固在。且國民軍當未起義以前。屈於滿洲政府之下。與我國民之爲滿洲將士者。固無所差別也。宗國之亡久矣。舉我同胞悉隸於異族之下。不能互相庇翼。而使寄食於仇讎。又不能速拯之於水火。斯已大負國民矣。何忍復校量前往。自相携貳乎。爲此佈告天下。凡我國民之爲滿洲將士者。若能顧念大義。翻然來歸。軍政府必推誠相與。視爲一體。其以城鎮鄉村或軍旅反正者。及翦除敵軍心腹將校來歸者。暨以糧食器械來歸者。皆爲國立功之人。當受上賞。其軍至卽降者。亦予優待。此皆賞典恤典略地規則等所一一規定者。其各激發忠義。以滌舊汚。以建新猷。若猶有包藏禍心。怙惡不悛。甘爲國民軍之蝨賊者。則是自絕於中國。罪不赦。方今民族主義國民主義磅礴人心。舉國之人。皆知明理守節。固非若昔日人心否塞之世。軍政府提挈義師。肅將天討。期將四百兆人平等。以盡國民之責。亦與昔之英雄割據有別。固將使禹域之內。無復漢奸之迹。其滿洲將士敢有奮其螳臂。以相抵抗者。必盡翦除。毋俾漏網。特慮其中容有心懷反正。而遲疑未決者。亦有身擁兵權。心懷助順。而觀望取巧。思徐覘國民軍之強弱。以爲進退者。凡此皆不勝其禍福之見。故就義不勇。今開誠布公。明示是非順逆之辨。其各自擇。毋得徘徊。如律令檄。

附條件

一，以城鎮鄉村或軍隊反正來歸者。按除賞典論功行賞外。並照現任廉俸加倍賞給。至於終身。如其才可用。別有任使者。其所得官俸不在此限。

二，軍到即降者。保護其身家。願留營者。量其才器使。願還鄉者。厚給資斧。護送還鄉。

三，力盡始降者僅予免死。以俘虜處分之。

四，不降者殺無赦。

（十三）掃除滿洲租稅釐捐布告

天運　年　月　日中華國民軍　軍都督　奉軍政府令。以掃除滿洲租稅釐捐之事布告國民。

自滿洲篡國。生民無依。憔悴于虐政之下。滿朝知滿漢不並立。猶水火不相容。故其倡言謂漢人強則滿洲亡。漢人疲則滿洲肥。處心積慮。謀絕漢人之生計。以制漢人之死命。漢人皆貧。則滿人可以獨富。漢人皆死。則滿人可以獨生。於是橫征暴斂。窮民之力。逼之以嚴刑峻法。使我漢人非唯無以謀生。且無以逃死。昔者康熙年間。曾定永不加賦之制。其名甚美。欲以愚弄漢人。然所謂永不加賦。不過專指正額。於正額之外。悉收州縣耗羨。以爲己有。而令州縣恣取平餘。其數五六倍於正額。且額外之征。罔知紀極。又於徵糧之際。多立名目。每糧一石。加派之銀至二三兩。此外貪官污吏。私自加派狠差狗弁。從中漁利者。不可勝數。故康熙年間。廷臣已言私派過於官徵。雜項浮於正額。分外誅求。民不堪命。當時初行此制。弊己如此。何況後日。名爲永不加賦。實則賦外加賦。其絕漢人生計者一也。滿洲入關之初。強侵漢人土地。圈給滿人。室廬墳墓。在滿人所圈地內者。悉爲滿人所有。漢人不惟失田喪業。無以糊口。且令祖宗暴骨。妻子流離。虜之離德。從古所無。其絕漢人生計者二也。八旗人衆。計口給糧。不事營生。不納租稅。錦衣足食。皆取之漢人。我漢人無異爲其牛馬。辛苦所得者。盡以輸納。猶以爲未足。勞力既盡。性命隨之。其絕漢人生計者三也。既據北京。徵固本京餉。以爲首邱之計。又歲括金銀億萬。密藏諸陵墓中。自順治至今。爲數無算。以四海有限之財。塡諸虜無底之壑。致令貨幣不能流通。財政日匱。其絕漢人生計者四也。自康熙朝定制永不加賦。其子孫託言恪守祖制。而於征賦之外。暴斂無算。乾隆朝縱容各省督撫。恣爲貪殃。殃民取財。剝膚吸髓。概置不問。伺其宦囊既富。則借事治罪。籍沒家產。盡入內府。謂之宰肥鴨。遂貪詐成風。內自朝廷。以至奄豎。外自督撫。以至胥吏。皆以貪賦爲能。以害民爲事。乾隆末年。嬖臣和坤一人之家產至數萬萬。民窮財盡。四海騷然。其絕漢人生計者五也。自太平天國起義東南。虜率其賊臣死相抵拒。軍興費無所出。遂創釐金之法。一物之微。莫不有稅。商賈困憊。物價騰貴。當時宣言事平裁撤。乃事平之後。非惟不撤。且益增加。政府視爲利藪。官吏視爲肥差。騷擾搜括。民無寧日。商務不振。交通阻隔。其絕漢人生計者六也。自與萬國交通以來。不知外交。屢召戰禍。喪師辱國。於棄民割地之外。益以賠款。甲午之役。賠款連息四萬萬。庚子之役。賠款連息九萬萬。政府無力。則令各省攤賠。於是各省督撫借此爲名。舉行雜捐。剝民自肥。自柴米油鹽。以至糖酒諸雜項。皆科重稅。居陸則有房捐。居水則有船捐。民不堪其苦。屢屢激變。則輒調兵勇。肆意焚殺。洗村劃地。以爲立威之計。思之傷心。言之髮指。其絕漢人生計者七也。廣借外債。浪費無紀。息浮於本。積重如山。猶不知警惕。任令疆臣各自募借。其所開銷。復無清算。收入愈多。虧空愈大。試觀歐洲日本各國何嘗無國債。然經理得宜。利多弊少。未有若虜臣之紊亂者。循此以往。國力將弊。其絕漢人生計者八也。羅掘之術既窮。遂不顧廉恥。公然欺騙。造昭信股票。誘民出資。既而勒令報効。不踐前言。反覆無信。詐欺取財。行同無賴。其絕漢人生計者九也。四海之內。人民流離失所。輾轉溝壑。而深宮之內。窮奢極欲。日甚一日。據最近調查。自乙未至庚子。頤和園續修工程。每年三百餘萬兩。虜太后萬年吉地工程。每年百餘萬兩。戊戌秋間。虜太后欲往天津閱操。令榮祿修行宮。提昭信股票款六百餘萬兩。辛丑回京費二千餘萬兩。辛丑後興修佛照樓五百萬兩。虜太后七旬慶典一千二百萬兩。另各省大員報效一千三百萬兩。共計此數年之內。虜太后一人所用。已盈九千餘萬兩。辛丑至今。又閱數年。其費用可比例而知。所飲食者。漢人之脂血也。所寢處者。漢人之皮革也。漢人家散人亡。老弱塡溝壑。丁壯死桎梏者。皆斷送在深宮歌舞中耳。其絕漢人生計者十也。凡此十者。皆犖犖大端。人所共見。其他苛細及緣附而生者。尙不悉計。乃知虜之貪殘無道。實爲古今所未有。二百六十年中異族陵踐之慘。暴君專制之毒。令我漢人刻骨難忍。九世不亡。虜之待我漢人。無異豺虎食人。肉盡則咀其骨。必使其無孑遺而後快。我漢人處於水深火熱之中者。其可矜孰甚焉。今軍政府與我國民驅除韃虜。恢復中華。大兵所至。舉滿洲政府不平等之政治。擢廓振盪。無俾遺孽。凡租稅奮捐一切不便於民者。悉掃除之。俾我國民得怡然於光天化日之下。俟天下大定。當制定中華民國之憲法。與民共守。其與虜朝相異之處。可預與國民言之。在昔虜朝貴滿而賤漢。滿人坐食。漢人納糧。民國則以四萬萬人一切平等。國民之權利義務。無有貴賤之差。貧富之別。輕重厚薄。無稍不均。是爲國民平等之制。在昔虜朝行虐。暴君專制之政。以國家爲君主一人之私產。人民爲其僕隸。身家性命悉在君主之手。故君主雖窮民之力。民不敢不從。民國則以國家爲人民公產。凡國家之事。人民公理之。由人民選舉議員。以開國會。代表人民。議定租稅。編爲法律。政府每年豫算國用。須得國會許可。依之而行。復以決算報告國會。待其監查。

以昭信實。如是則國家之財政實爲國民所自理。國會代表人民之公意。而政府執行之。譬如家人旣理家事。必備家用。輕重緩急。參酌得宜。較之虐君專制。橫徵暴斂。民不堪命者。眞有主僕之分。天壤之別。是爲國民參政之制。是故民國旣立。則四萬萬人無一不得其所。非惟除滿洲二百六十年之苛政。且舉中國數千年來君主專制之治。一掃空之。斯誠國家之光榮。人民之幸福也。願我國民各殫乃心。勉成大業。布告天下。俾咸知斯意。

第二十八章　丙午萍瀏之役

起事之地點　起事之原因　起事之聲勢　同盟會之接應　失敗之原因　宗旨之複雜　失敗之情形　黨人之生死　清吏之文告

起事之地點　湖南之醴陵瀏陽。江西之萍鄉萬載等縣。向爲湘贛兩省哥老會黨聚合之淵藪。甲寅九月馬福益黃克強劉揆一等謀起事于長沙。即以該數縣會黨爲憑籍。馬爲哥老會大龍頭。素受會黨所宗仰。自是役失敗後。該處會黨油然萌革命排滿之思想。乙巳冬。馬潛由廣西返湘。欲在瀏陽再圖大舉。事洩爲端方所捕。施以酷刑。然後殺之。各地會黨聞之大憤。留日學界且大開追悼會於東京。并刊布馬所規定之革命軍紀十餘條。以繼承先志爲務。至丙午而有萍瀏之役。

起事之原因　丙午（清光緒三十二年）吾國中部凶荒。江西南部湖北西部湖南北部四川東南部。皆陷饑饉。尤以湘贛兩省接壤之萍醴瀏數縣爲甚。該處工人因受米貴減工之打擊。對于地方官吏深懷不滿。洪江會黨頭目李金其蕭克昌姜守旦龔春台王勝諸人向受馬福益之指導。久有揭竿之志。馬殉難後。進行仍不少懈。是年九月間。有留學生蔡紹南劉道一等自日本回國。在瀏陽醴陵衡山等處鼓吹革命。李蕭等聞之。志益堅決。至是以爲有機可乘。遂運動萍鄉礦工率先發難。爲各縣倡。萍鄉縣大安里本爲昔年哥老會鄧海山起義之所。事平後。經前贛撫德氏令萍鄉縣令每年按季親往偏僻村莊巡視一次。爲思患預防之計。詎日久玩生。任該縣者視同具文。李金其遂在該縣麻石一帶。聚集洪江會黨數千人。約期十二月大舉。乃于事前失愼。卒被淸吏追捕。在醴陵屬之白鷺潭溺斃。蕭克昌亦被淸吏設阱誘殺。姜守旦龔春台等迫不及待。遂突然先期發難。

劉道一

起事之聲勢　是年十月十九二十等日。黨人先在湖南瀏南縣屬之高家頭金剛頭江西萍鄉縣屬之高家臺等處。聚衆起事。二十一日攻佔萍鄉縣屬之上粟市。二十二日復佔宜春縣屬之慈化。焚萬圖司署。贛軍巡防左隊胡管帶應龍與戰。大敗。全軍潰散。不數日醴陵瀏陽等縣紛紛響應。該黨分爲三股。在萍鄉起事者多煤礦工匠。在醴陵起事者多防營兵士。在瀏陽起事者多洪福齊天黨。（即洪江會）每股約萬人。以瀏陽一股爲主力。其旗幟均稱革命軍。各兵士頭紮白巾。手持白旗。聲勢浩大。在瀏陽督師者爲龔春台。其檄文曰。

黃帝紀元四千六百零四年歲次丙午十月吉日。中華國民軍南軍革命先鋒隊都督龔。奉中華民國政府命。照得韃虜原係東胡異族。遊牧賤種。自漢隋唐宋以來。久爲我中華漢族之寇仇。有明末造。韃虜逞其兇殘悍惡之性。屠殺我漢族二百餘萬。據我中華。竊我神器。奴掄我同胞。我黃帝神明之冑。四百兆之衆。隸於奴界。已二百六十年于茲。漢族爲亡國之民。中華隸犬羊之宇。凡我叔伯昆仲諸姑姊妹。曷任傷心。太平天國起義師于廣西。誓必驅逐韃虜。恢復中華。以雪滅國之恥。乃曾國藩胡林翼等不明大義。罔識種界。認盜爲父。呼賊作君。竭湘軍全力。自戕同種。致使漢族得恢而復湮。胡氛將滅而又振。湘人之罪。涸洞庭之水。不能洗其汚。擬衡嶽之崇。不能比其惡。凡我湘人。實無以對於天下。今者劃淸種界。特興討罪之師。率三湘子弟爲天下先。冀雪前恥。用効先驅。特數韃虜十大罪惡。昭告天下。以申撻伐。

韃虜逞其兇殘。屠殺我漢族二百餘萬。竊據中華。一大罪也。

韃虜以野蠻遊牧之劣種。蹂躪我四千年文明之祖國。致列強不視爲同等。二大罪也。
韃虜五百餘萬之衆。不農不工。不商不賈。坐食我漢人之膏血。三大罪也。
韃虜妄自尊大。自謂天女所生。東方貴胄。不與漢人以平等之利益。防我爲賊。視我爲奴。四大罪也。
韃虜挾漢人强滿人亡之謬見。凡可以殺漢人之勢。制漢人之死命者。無所不爲。五大罪也。
韃虜久失威信于外人。致列國乘機侵佔要區。六大罪也。
韃虜爲藉外人保護虜廷起見。每以漢人之權利贈給外人。且謂與其給之家奴。不若贈之隣封。七大罪也。
韃虜政以賄成。官以金賣。致政治紊亂。民生塗炭。八大罪也。
韃虜于國中應舉要政。動以無款中止。而宮中宴飲。頤和園戲曲。動費數百萬金。九大罪也。
韃虜假頒立憲之文。實行中央集權之策。以削漢人之勢力。冀固虜廷萬世帝王之業。十大罪也。

其餘種種罪惡。不能盡書。特舉大略。以昭天討。凡我漢族同胞。無論老少男女農工商兵等。皆有殄滅韃虜之責任。務各盡爾力。各抒爾能。以速成掃除醜夷恢復漢家之鴻業。至現在爲虜廷官吏者。宜革面反正。出郊相迎。若仍出會胡之故智。爲虜出力者。以韃虜視之。殲殺無赦。現在爲虜廷將弁營勇者。宜聞風響應。倒戈相向。若仍湘軍之故智。死力相抗者。以韃虜視之。殲殺無赦。本督師建立義旗。專以驅逐韃虜。收回主權爲目的。凡本督師所到之處。卽漢族恢復之處。農工商賈。各安其業。不稍有犯。外國人之生命財產。竭力保護。不稍有犯。教堂教民。各安其堵。不稍有犯。當知本督師祇爲同胞謀幸福起見。毫無帝王思想存於其間。非中國歷朝來之草昧英雄。以國家爲一己之私產者所比。本督師於將來之建設。不但驅逐韃虜。不使少數之異族專其利權。且必破除數千年之專制政體。不使君主一人獨享特權於上。必建立共和民國。與四萬萬同胞享平等之利益。獲自由之幸福。而社會問題。尤當研究新法。使地權與民平均。不致富者愈富。成不平等之社會。此等幸福。不但在韃虜宇下者所未夢見。卽歐美現在人民。亦未曾完全享受。凡我同胞急宜竭力。以掃除腥羶。建立樂國。須知中國者。中國人之中國。漢族者。世界最碩大最優美之民族。被韃虜奴隸之。宰割之。天下之恥。孰有過于此者。況韃虜用意險惡。自咸同以來。利用以漢人殺漢人之手叚。當鋒刃禦砲彈者。漢人。論功行賞。握要權執大政者。則仍滿人。我漢人何罪。當爲滿奴。漢人何劣。當被韃虜食其肉而吸其血。故韃虜一日不殲滅。卽主權一日不收回。漢族一日不存活。今政府已立。大漢卽興。韃虜罪惡貫盈。天所不佑。凡我漢族。宜各盡天職。各勉爾力。以速底韃虜之命。而贊中華民國之成功。用申大義。布告同胞。急急如律令檄。

瀏陽黨軍于二十二三等日。在文家市牛石嶺紅綾鋪永和市官莊等處同時發難。迭佔據南街市西鄉澶塘高址官眼大光洞各地。與萍鄉上粟市及案山關黨軍相呼應。駐萍鄉瀏陽醴陵數縣湘軍各路統領梁國楨吳廷瑞崔朝俊趙春廷等。屢爲所敗。於是蔓延至於醴陵九溪衡山宜春萬載各地。湘鄂贛蘇各省督撫大爲震動。淸軍最先往攻者。爲袁州府統領袁坦所部之兵一萬六千人。袁州城幾爲一空。江督端方復派統制徐紹楨統兵赴援。計有步兵一聯隊。砲工各一隊。馬兵輜各一小隊。鄂督張之洞派第八鎭十五協協統王得勝。率二十九標三十二標炮隊二隊。合湘贛兩省防軍。總數不下四五萬人。分赴萍瀏醴數縣圍攻。自洪楊以來。淸軍出兵之衆。以是役爲最。

同盟會之接應　是役萍瀏黨軍之倉卒舉事。原非接受同盟會東京本部之命令而發動。卽劉道一蔡紹南之回湘鼓吹革命。亦祗出于個人熱心。非有一定之具體的計畫。故中山克強得訊後。始先後派遣甯調元胡瑛楊卓林孫毓筠段書雲權道涵廖德璠李發根諸人分赴湘鄂蘇皖贛各省。聯絡軍隊。急圖響應。劉道一在衡山鄉中。聞萍瀏起事。始赴長沙有所計劃。爲撫署遊擊熊得壽逮捕繫獄。清吏用酷刑訊供不得。遂以劉佩章所鐫鋤非二字定獄。旋加害于瀏陽門外。禹之謨甯調元亦在湘被逮。禹被害。甯判監禁終身。胡瑛在鄂被逮。監禁終身。楊卓林在揚州被逮。直供革命黨不諱。卽加害。孫毓筠段書雲權道涵等在南京被逮。李發根廖德璠在揚州被逮。均監禁終身。此外派回者多未能達目的地。萍瀏黨軍因此缺乏知兵善謀之人爲之指導。卒難與清軍抗衡。殊可惜也。

失敗之原因　先是黨軍首領原擬分三路進兵。一據瀏陽醴陵。一進窺長沙。一據萍鄉之安源礦路爲根據地。一由宜春萬載東出瑞昌南昌諸郡。以攻略蘇皖。及萍鄉一軍先期發難。瀏醴繼之。其指揮者皆會黨首領。素乏軍事學識。故起事後。雖屢敗清軍。然終不能佔領縣城。且隊伍凌亂。人自爲戰。殊非新練清軍之敵。徐紹楨所統江南新軍中多革命分子。趙聲倪映典亦在軍中。擬相機爲黨軍效力。詎黨軍未經訓練。散漫無常。雖欲互通消息。亦苦無門徑可尋。卒致愛莫能助。事後。趙倪諸人莫不引爲憾事。

宗旨之複雜　萍瀏黨軍雖號稱革命。而內部異常複雜。姜守旦襲春台之檄文。稱奉中華民國軍政府命。惟另有一部。則自稱爲新中華大帝國南部起義恢復軍。一稱民國。一稱帝國。雖同以排滿爲號召。而其宗旨及名義。亦各不同。是役之不能一致拒敵。以圖進取。殆非無因。茲幷錄當時新中華大帝國恢復軍檄文如下。

新中華大帝國南部起義恢復軍布告天下檄文

自明室不競。漢統中斬。犬羊竊據禹鼎。腥羶瀰漫中原。四百餘州。胥遭屠毒之禍。二百餘載。不覩日月之光。雖然。夷狄猾夏。何代蔑有。罪大惡極。窮兇極暴。上干天心。下悖人道。爲天誅天討所必加。九征九伐所不赦者。未有如現世覺羅滿清之甚者也。昔在胡元將亡。中原豪傑四起。我大明太祖高皇帝。揚三尺之劍。奮七尺之軀。以淮右布衣。赴義淮上。遂能掃盪胡虜。復我冠裳。洵所謂志繼虞夏功邁陶唐者也。今滿虜之罪。浮於胡元。中原人心。嚮於明祖。誠英雄豪傑建功立業之候。志士仁人奮迹雪恥之秋也。至今歲洪水橫流。滔滔皆是。我同胞因之喪家失業轉徙溝壑者。北跨兗豫。南及江淮。哭聲震於郊原。餓殍載于道路。使聞者酸心。見者墮淚。皆莫非天厭胡運。降此厲災。以示洗汚除舊之徵。惟是非常之舉。賢者慕之。愚者惑焉。況滿賊竊據已久。

鬼蜮日深。慣用以漢殺漢之毒技。坐收漁人兩獲之功。故前人有格言曰。漢人作官。謂之太平鬼。漢人當兵。謂之替死鬼。茲即徵之目前天下共見共聞之事。問庚子以來。爲彼滿賊出死力。保殘局。內得罪於同胞。外見忌於暴鄰。有如袁世凱岑春萱諸人者乎。今即兔死狗烹。鳥盡弓藏。非我輩舉義湘南。彼等今已不知竄流何所。遑云稍留體面。聊保閑散之聲也哉。今徵調兵勇。日有所聞矣。然亦不過曰湖北出兵幾何。江蘇出兵幾何。江西湖南出兵幾何而已。而荊州南京之駐防。不聞出隻人匹馬者何也。夫我輩之起。志在驅滿賊耳。今彼乃捨最近之荊州南京駐防。而必以我兵敵我恢復軍者。其居心何等。不問可知也。然則我同胞亦可以自反矣。昔宋祖黃袍加身。實當出征之際。大丈夫生逢亂世。攀龍鱗。附鳳翼。圖像凌烟閣上。列坐凱旋門前。亦云得時則駕棄逆效順而已矣。至豪邁公子。豁達少年。亦當知唐室龍飛晋陽。蓋以太宗爲嗣子。漢家崛起豐沛。畢有大造於太公。化家成國。達權即所以守經。因禍得福。致人不爲人所致。勿自委於無寸尺柄。明祖亦徒步布衣。勿畏胡虜毒燄凶張。胡元實跨歐兼亞。夫中國者中國人之中國。而非夷虜之中國也。今與我四萬萬同胞約。有能起兵恢復一邑者。來日即推爲縣公。恢復一府者。來日即推爲郡主。至外而督撫。內而公卿。有能首倡大義志切同袍者。則我四萬萬同胞歡迎愛戴。如手足之衛腹心。來日不惜萬世一系神聖不侵子子孫孫世襲中華大皇帝之權利。以爲酬報。勿狃於立憲專制共和之成說。但得我漢族爲天子。卽稍形專制。亦如我家中祖父。雖略示尊嚴。其榮幸猶爲我所得與。或時以鞭扑相加。叱責相遇。亦不過望我輩之肯構肯堂。而非有奴隸犬馬之心。我同胞卽納血稅。充苦役。猶當仰天三呼萬歲。以表悃忱愛戴之念。竊惟我三湘風氣剛勁。人知禮節。意必有衛嶽降生拯濟同胞以驅除胡虜其人者。南達潯桂。西通巫峽。糾合同志。北定神州。戮爲虎作倀豢豆燃箕之梟獍。拔面奉心。圖欲取姑與之英傑。待舟楫一備。糧械已整。出東路者。由巴陵以洗荆州之狐穴。然後通徐沛。一過開洛。搗幽燕以繫單于之頸。責彼償我楊州嘉定千百萬之生命。平朔漠而擒頡利之渠。責其償彼坐食安享數百年之奉養。明祖下燕之檄曰。爲我者永安於中華。背我者自陷于夷狄。今日之事。內地之駐防。必誅戮淨盡。以絕從日夷狄窺伺覬覦之心。塞外之孽。宜略從寬大。以示中華天地覆載生成之量。檄到之地。我同胞其投袂而起。共復中原。用成我新中華大帝國。不亦庥乎

失敗之情形　黨軍起事之初。不數日集衆至數萬人。佔據三四縣。聲勢之大。爲歷次義師所未有。是時喧傳佔領長沙之說。內外黨人莫不額手相慶。十月廿七日。清廷更下旨特派江

西臬司秦炳直節制三省各軍。馳往擾亂地方相機勦辦。乃黨軍得地後。惟困守萍瀏醴三縣。並不向外發展。人數雖衆。而所持槍械。僅由各地方團防局奪獲二三千桿。餘衆多以木竿及舊式刀槍爲武器。以區區二三千鎗而敵四省節制之師。相持匝月。交戰二十餘次。雖失敗猶有餘榮。萍瀏醴各縣被清軍合圍聚攻後。黨首蕭克昌龔春台蔡紹南等。或陣亡。或擒殺。黨軍由是解體。清軍乃大舉清鄉。殺戮平民萬數千人。向清廷虛報邀賞。然革命風潮自是汎濫于長江沿岸各省。有一日千里之勢。清廷雖迭興黨獄。終無如之何也。

黨人之生死　此役起事之範圍。關連湘鄂贛蘇四省。故黨人先後犧牲者極衆。據事後調查。在贛被擒加害者。有蕭克昌蔡紹南陳年苟胡友堂田永山葉其意李明生熊明球王長發王景賢曾勇發鄧廷保劉治昌王靄亭沈益古魏輝月鄭琨鍾壽山廖甲鳳馬月卿沈嗣訓陳長友鄧連發劉麻子劉家有胡文焱張明才吳盛發袁連珍劉德華黃月譜張覲蘭何思明池茂才林秋牙賴家逋周元祥劉子賓梁本山王新古張大呴祝厚維李淮卿歐陽滿榮清松歐陽培植曾緅藻廖淑保姜守正譚狗仔張本裕房與仝歐陽景言李棠彬等。在湘爲龔春台劉道一王永求陳顯龍鄧王林張四皮禹之謨李世億瞿光文彭茂春汪月波陳壽山錢星保等。在蘇爲楊卓林江佑泉龍見田曾斌袁有升等。監禁者在贛爲李昌年等。在湘爲甯調元任智誠陶承祉胡春李福齋王易張寶卿宋運漢凌瑞勤張近維張近雲張近棠張近洸張承湖黎春燠盧心漸魏中友鄧三劉洪彬劉雲棠春樹漢僧同學劉其仁魏永秋吳發湧秦增壽袁鑑亭李金友孫鴻均孫家惠孫家文譚松亭羅如嵩李棟彬陳維煊賴家新僧正侃魏新發李喜發等。在鄂爲朱子龍劉家運胡瑛梁鍾漢曹玉英謝九吳子銓殷子珩劉貞一等。在蘇爲孫毓筠廖德璠李發根權道涵段雲書傅義成趙太周江載春黎貴和黎貴蘭徐福榮等。此外各省懸想通緝者爲姜守旦龍定陳紹莊王勝陳金宗黃度武柳際貞劉林生鄭先聲李燮和盧金標劉震黎兆梅喻桂林諸人。

清吏之文告　附錄清吏關于萍瀏起事各項文告如下。

（其一）贛撫吳重熹致湘撫岑春蓂報告軍事電

宥二電悉。昨電想亦達。均係實情。現兩奉嚴旨詰責。飭將吉匪黨合力擒拿。殲除淨盡。倘有貽誤。惟該督撫是問。湘軍已到四營云。而贛軍不及。若再專顧安源。勢愈蔓延。幸胡朱兩管帶廿五赴上栗市一帶迎剿。兩次擊斃匪二百餘名。餘匪潰逃。兵單未敢窮追。並聞瀏城南五里。湘軍亦斃二百餘匪。匪勢稍衰。醴陵令又來函。約與湘軍會剿。因有湘軍兩營直趨麻石。約廿六可到。是以袁統領又帶團勇六十人赴前敵助剿。現計在前敵者爲前營一半。後營一哨。及昨日到吉安防營兩哨。袁州協標兵六十人。此外調撥袁州之後營兩哨。因聞匪竄宜春慈化瑞金等處。又爲該縣帶團防勦。尚有吉安防營四哨。日內當可到。省軍已電帶沿途飭催。再支持數日。省軍一到。卽可分撥。刻又遵旨派秦臬司再帶常備軍三百名明日馳往督辦。熹。念八日。

(其二)江督端方奏報出兵電

承准念六日電。奉旨江西湖南交界地方匪黨聲勢猖獗。着端方張之洞岑春蓂速派得力營隊。飛飭會勦等因。欽此。查萍醴匪徒倡亂。迭接該處路礦局派湘贛來電。卽經電商吳撫。岑撫。厚集兵力會同勦辦。電商張之洞。由鄂派兵援力。兼顧路礦。一面已飭江南三十四標全隊整裝以待。並電告吳撫。務多派得力之營。合圍拿滅。免釀燎原。贛省兵力不敷。立行拔隊往援。欽奉前因。卽飭將業經戒備之第九鎭第三十四標步隊三營。炮工各一隊。馬隊輜重各一排。混成一枝隊。卽於今夜開拔。分三起上駛。在九江換船進湖口。至南昌遵陸前進。三十四標操練較久。標統艾忠琦人亦穩練。第九鎭統制官徐紹貞曾在江西統兵。於萍鄉袁州一帶情形較熟。派令督率前往。相機堵勦。兼可與贛軍協商合力。妥爲布置。鄂軍由岳州至湘潭。道取萍醴鉄路。甯軍由南昌袁州。以達萍鄉。兩路夾進。庶期尅日蕆事。仍當與張督吳岑二撫斟酌機宜。妥籌辦理。仰副朝廷愼固南陲至意。謹請代奏。端方。念八日。

(其三)湘撫岑春蓂奏報軍事電

瀏陽醴陵二縣會匪滋事。前月廿八日續將布置剿捕情形電請代奏在案。茲恭閱電傳初一日奉旨。張之洞電奏悉。據稱湘撫及萍醴來電匪勢倍熾等語。著岑春蓂懍遵前旨。嚴飭各軍趕緊力辦等因。欽此。伏查湖廣總督電奏。即係指春蓂前奏瀏陽之永和市牛石嶺竄匪更多。經梁國楨率隊進剿。槍斃三百餘名一節而言。前於電奏後。醴陵官寮之匪。當被管帶吳廷瑞督隊剿散。其踞麻石者。亦為崔朝俊所部擊退。該匪率衆千餘。復趨官莊。潭塘亦有竄匪八九百人。趙春廷一軍分頭迎擊。在距官莊數里之蘆婆嶺接仗。轟斃甚多。先後擒獲匪目楊幇豐等四名正法。餘由縣審辦。該縣出示解散繳票。首悔者七百餘人。瀏陽匪徒自念三夜在南街市繫退後。與羊鬆造另股。均竄聚西鄉。彌沈光約千餘人。經梁國貞所部將溫二弁督飭什勇。從高嶺攀援而上。槍斃悍匪十餘人。匪即奔退。廿七日徐振岱所部胡梁二弁探知高址聚匪亦多。前經剿捕。斃六十餘名。是日東秩小源大聖廟亦有匪盤踞搶掠。經梁營易楊二弁率隊截擊。斃匪十八名。匪首姜守旦即萬飛鵬。與其黨共二千餘人。聚於大旗山寨。山上設有僞將臺一座。借毛氏祠內藏儲火藥軍械。

該處山嶺千尋。地勢極險。念九日經易李二弁率隊。由旁包抄而上。直入匪窩。將祠屋僞臺焚燬。擊斃數十名。該黨等復竄永和市。三十初一等日。由易弁與常備軍隊官王正宇夏占魁分路合剿。死傷各百餘人。姜守旦率黨逃往官眼大光洞等處。現在跟蹤追剿。統計前後共斃匪目士紱乾等四名。餘黨二百餘人。擒獲張積總等十二名。正法。奪獲馬二。刀械無數。脅從解散二百餘人。我軍陣亡什長瞿洪勝等三人。受傷八人等情稟報前來。春蓂查瀏醴二縣會匪。迭經官軍進剿。擊斃甚多。惟該二縣山深樹密。道路紛歧。而瀏陽通省要隘尤多。省城重地。關係緊要。湘省兵力本單。即應兼顧省防。又須保護路礦。及駐紮瀏陽近省各路。以爲屏蔽。節節分布。勢難全行調赴前敵。是以匪徒不免此擊彼竄。鄂省初派三營二隊。現均到湘。開赴醴萍。路礦更足資守護。所有續隊三營。均與湖廣總督電商。即以馳赴瀏陽會剿。庶可一鼓而除。以杜分竄。現在長善二縣各鄉民情。均屬安謐。省城防務已悉心籌布。並將各營出力弁勇分別賞給銀兩。俾資激勵。除仍嚴飭各將弁督率什勇。趕緊分投剿捕。期早撲滅。請代奏。

（其四）鄂督張之洞懸賞緝黨札文

鄂督張札臬司文。爲札飭懸賞嚴拿會匪事。照得近來長江一帶。亂黨滋多。前承准軍機處電傳欽奉諭旨。嚴拿會匪黨羽。當經通飭欽遵在案。上月江西萍鄉湖南瀏陽醴陵各處會匪起事。其頭目即係該匪一黨。現已派撥大兵馳往剿辦。叠接北洋大臣袁湖南撫院岑先後函電。訪聞會匪黨羽潛布長江一帶。意圖勾結逆黨起事。近有大頭目王勝陳金等匪。由湘潛來鄂境。請嚴防密捕等因。准此。該匪等糾黨倡亂。實屬罪不容誅。亟應嚴拿重辦。以正國法。而遏亂萌。合亟扎行出示曉諭。懸賞嚴拿。並詳列該匪姓名蹤跡。分別賞格。如有將後開眞正匪首擒獲送轅者。立即照格賞發。其知風報信因而拿獲者。照原開賞格減半發給。本部堂儲款以待。決不食言。爲此札行該司。即便飭屬遵照。切切此札。

計開賞格

王勝（係湖南大頭目。年三十六七歲。長沙人。身中面圓。無鬚。假辮。）陳金（與王勝同。行年三十二三歲。湘潭人。身矮。面胖。無鬚。假辮。）姜守旦即萬飛鵬（年約五十餘歲。係瀏陽東鄉人。瘦有鬚。）陳紹莊（年約五十餘歲。亦係瀏陽一帶人。身高大無鬚。像極兇惡。）拿獲以上各匪者各賞銀一千兩。

宗黃又名夏靈。（年四十歲。係長沙富商。爲黑幫頭目。）劉家運。（係湖北全省會首〇。）曹玉英（年廿九歲。係沙市油皮富商。爲沙市會首。）黃廋武柳際貞劉林生（以上三名係湖南匪目。）鄭先聲李燮和朱子龍蕭克昌盧金標（以上五名係長江一帶之匪目。）拿獲以上各匪者各賞銀五百兩。

（其五）湘撫岑春蓂奏獲革命黨劉道一電

湖廣總督咨直隸總督函。查得逆首孫汶謀爲不軌。其黨爲黃近午柳際負劉林生諸人。當分飭地方文武嚴密防緝。旋據撫標右營游擊熊得壽緝獲劉道一。即炳生。又號鋤非 解由臬司督同長沙府審訊。據供劉林生名揆一。又名棣華。是其胞兄。該匪均係游學日本官費生。林生與孫汶會商議革命。孫汶到日本開會。該匪慕孫名亦往。遂與黃近午柳聘儂及湖南人萬飛鵬廣東人馮自由湖北人劉家運日本人白浪滔天及不知姓名四五十人。均入會爲革命。其會名曰中國同盟會。辦法以廣收黨羽爲要。孫汶爲會長。黃近午爲副會長。幷擔任爲南洋羣島中國人開學堂。藉以誘令入黨。預備籌款。購辦槍礮。湖南人王延祉甯調元陳方度均在其內。柳聘儂與章炳麟同辦民報。以冀蠱惑人心。孫汶現在日本東京牛込區民報社左近地方。並據供稱取漢書非種必鋤之意。故號鋤非等情。不諱。查該犯所供。逆跡昭著。即飭就地正法。用昭儆戒。此等匪黨行蹤詭密。到處勾結煽惑。

潛圖不軌。實爲大局之患。民報湘省早經查禁。劉林生已電駐日楊使勒令退學。並確查黃近午等如尚留學東京。均令退學。電飭滬道截拿。並電咨沿江沿海各省一體嚴緝。卽飭各關認眞密查。以期消患未萌。刻下瀏醴股匪業經一律擊散。可無他虞。現欽遵迭次諭旨。嚴飭各軍隊。搜捕著名匪黨。實行淸鄉。俟辦理就緒。卽另行恭摺奏報。所有拿獲謀逆學生正法緣由。謹祈代奏。岑春蓂叩。丙十二月十七

（其六）江督贛撫會奏萍鄉革命軍起事情形摺

光緒三十二年十月間。萍鄉縣境與湘省各界地方。突有匪徒蠢動。及宜春萬載等縣。勢甚猖獗。經前撫臣吳重憙節次調兵往剿。並奴才端方遵旨派兵。與鄂軍分投赴援。暨奴才瑞良抵任後。督飭搜剿續辦各匪。以及舉辦淸鄉一切事宜。疊經奴才等撮要隨時電奏在案。現在匪患已平。人心大定。謹將辦理情形縷晰陳之。伏查湘贛連界各屬。近年會米糧昂貴。生計維艱。人心不免浮動。而游勇痞棍時復往來其間。習知長江一帶洪江會匪歌訣。卽立爲會名。散賣票布。誘惑鄉愚。以爲誆騙錢財之計。其無知良民誤爲入會可保身家。亦不免投身入黨。湖南醴陵匪首有李經其者。爲奴才端方向在湖南巡撫任內拏獲正法之馬福益死黨。常游蕩於瀏陽醴陵等處。曾與萍鄉上栗市之匪首饒有壽龍人傑

萬載之龍定往還。糾合姜守旦龔春台沈益古胡有堂呂光華廖淑保等。欲爲馬福益報仇。適有游學日本暑假回籍之蔡紹南。乘間以革命演說。李經其等遂假以爲名。自稱爲革命軍。原約上年十二月間起事。軍分三股。一踞瀏陽以進窺長沙。一踞萍鄉之安源礦路以爲根據之地。一由萬載東竄瑞州南昌諸郡。援應長江。以軍械無多。未敢遽然發事。爲瀏陽縣知縣所聞。會營追捕。李經其落水溺死。其黨羽饒有熹等乃促令姜龔兩匪先期稱發。會函致安源著匪首蕭克昌率令工黨六千人以應。蕭以動非其時。未之允許。而湘贛邊境羣不逞之徒。乃叫號附和。一時湘贛接壤之境。徧地皆匪。遠近相傳。動稱數萬。此該匪起事之情形也。其時贛邊營勇僅有紮上栗市者兩哨。湘邊瀏陽醴陵兩境防營。亦未調齊。匪卽先擾瀏陽之麻石文家市金剛頭。繼擾萍鄉之高家臺上栗市桐木。後竄入宜春之慈化等處。適吉安巡防隊左軍統領袁坦巡察玉屏鄉。經前撫臣吳重憙電飭督率原駐萍鄉安源之巡防左軍前營管帶胡應龍迎剿。調撥駐袁州之巡防左軍後營管帶朱鼎炎帶隊馳往會剿。兼飭該縣會紳多招團練。以資保衛。並由省派常備軍一標第二營管帶劉清泰率全營兵隊。取道臨江。袁州原駐新昌縣之常備軍一標第二營管帶董作泉率隊二百人。取道瑞州上高萬載。分途趲程前赴萍鄉。特委巡防內河水師右軍統領候補道張季煜督辦防剿。派出各軍。均歸節制。俾一事權。一面電飭駐吉安之中左各營。拔駐袁州。聽候調遣。並電商湖南撫臣岑春蓂派軍乘輪舟至醴陵瀏陽會剿。當匪踞各處之初。並未肆行刼掠。所至祇索軍械糧食白布等。所刼裹頭白布白旗號衣。書革命軍先鋒後營軍前營等字樣。旗書革命軍及洪福齊天等字樣。匪械有刀。有小手槍。有檯槍鳥槍。間有來福毛瑟等洋槍。內有游勇。陣隊亦傚洋操。到處張貼僞示。糾人入會。語甚悖逆。正剿辦間。接奉電旨。飭臬司秦炳直前往萍鄉堵剿。遵飭該司帶常備軍一標第二營三百人。即以該標統劉槐森領之。於十月初七日行抵萍鄉駐紮籌辦。此前撫臣征調布置及匪黨竄擾之情形也。該匪初起。勢甚猖獗。所到之處。脅民爲匪。雲集響應。未至之處。謠言四布。人心惶惶。尤慮勾引安源礦工。聯絡聲勢。十月二十一日有匪三千餘人聚上栗市。該處防營以半營抵禦。斃匪二名。衆寡不敵。兵力少挫。厥後匪之竄入慈化者。焚燬黃圃巡檢衙署。經駐瑞金巡防左軍後營趙春芳帶隊迎剿。斃匪數十名。擒獲李明生熊明球二名正法。匪始退入桐木。又經由吉安調駐之右營管帶許登雲率帶兵隊。在宜春縣屬瑞金慈化一帶進剿。斃匪多名。其在上栗市者。經巡防隊左軍前後兩營合力攻擊。歷兩時之久。斃匪二百餘名。奪獲匪械旗幟甚多。匪勢爲之一挫。又在普安山桐木兩次合剿。匪益不支。全將裹頭白布拉去。充作民人。或竄匿山谷之中。或回瀏陽境內。羣集於中山嶺紅綾鋪等處。湘軍亦屢次得捷。而匪之聚於文家永和等市者。餘猶未息。探知萍鄉有備。遂幷力以圖萬載。賴有前撥新昌防營二百人。秦炳直所帶劉槐森部下兵三百人。均從此路同赴前敵。得以遏其來路。時奴才端方遵旨派陸軍步隊三營。馬隊輜重各一隊。礮隊工程隊各一隊。共二千餘人。委第九鎮統制徐紹楨爲司令官。率同標統艾忠琦乘輪赴九江。易舟至省。其第一隊。由南昌先行進發。民間爭傳大兵將到。羣匪震慴。遂竄伏於瀏陽一隅。經長沙續到常備軍兩營搜剿。匪乃靡然而散。其潰匪有竄入義寗州銅鼓廳一帶者。由該州縣會同巡防隊左營李國斌。並調派該處防堵之常備軍二標二營袁楚英截獲二十餘名。於是贛境已無成股之匪。此迭次剿辦之實在情形也。方匪勢之正熾也。偵探匪情頗注意於安源煤礦。袁坦督巡防隊前營。分一半至棠山關搜剿。以一半留駐礦地。勢雖岌岌。而逐日工作未停。湖南撫臣岑春蓂就近派管帶李振鴻帶隊九十人來駐安源保礦。而湖南督臣張之洞派第八鎮協統王得勝標統李襄鄰。率步隊三營。礮隊一隊。先於十一月初三日抵萍。另派步礮隊各一隊。專駐安源。合之甯軍之陸續到萍者。兵力頓厚。先是前撫臣吳重憙接直隸總督臣袁世凱密函。謂蕭克昌爲匪中頭目。近投安源營中充線。黨羽甚多。以該匪旣與礦工聲氣相通。辦理稍有不密。必至有礙礦務。牽動全局。遂密告臬司秦炳直。相機拏辦。迨甯鄂軍到。足資鎭懾。該臬司卽密商礦務局員林志熙。會同王得勝李襄鄰。並督飭胡應龍設法捕獲蕭克昌。斬之。去一渠魁。人心大定。復將礦工人切實稽查。各具保結。無保者退百餘人。分別送回原籍。以杜後患。又據獲匪供稱。該匪自接仗敗後。巨目爲陳紹莊。以傷重擡回。不知存亡。先後拏獲之贛匪大頭目。如饒有壽龍人傑沈益古胡有堂廖淑保魏宗全等二十餘名。皆起肇亂。抗拒官兵。罪惡昭著。訊據供認不諱。均於軍前正法。其小頭目及得受僞職各匪。訊明伏法者。約近百餘人。其情罪較輕分別予限監禁者。亦八十餘人。雖姜守旦等因追捕嚴緊。竄往平江逸去。現仍飭令嚴密購緝。並將演說革命之蔡紹南一體嚴拿。而數月以來。鄂軍紮湘之邊境。甯軍紮贛之邊境。深得協同搜捕之力。此安礦保護無恙叠獲諸匪之各情形也。惟是匪雖潰散。其零星之匪。潛匿他邑。深恐死灰復燃。十一月初十日。徐紹楨到贛。吳重憙以南昌九江營伍抽調過多。形甚空虛。商留甯軍一營駐省。以資兼顧。並囑撥兵分隊至義甯州銅鼓廳。查有匪蹤。卽行會剿。其開赴匪鄉之兵隊。隨時與贛軍實力搜捕。曾由甯軍拏獲著名會黨陳祥友劉先張珍紹王俊騏李昌谷李昌年等。分別懲辦。當秦炳直未到萍鄉之際。由張季煜分飭各管帶連合鄉團。嚴拿匪首。免治脅從。遇有聚集之區。立即痛剿。並親率兩隊出案山關。沿途搜索。又由袁坦分飭前營回駐安源。分防蘆溪一帶。後營駐桐木。分防秋江楊岐山黃土。左營駐上栗市。分防案山關。中營兩哨分防清溪瑠江。袁坦親駐上栗市。相機策應。秦炳直以萍地兵力已厚。慮萬載兵單。爲匪所乘。調派劉槐森前往株潭黃茅堵剿。兼派董作泉分紮黃茅慈化等處。購線緝匪。所有袁州府屬之萍鄉宜春萬載等縣。均與瀏陽接壤。該地方文武各官疊與湘省營縣商同剿辦。以防此拿彼竄。此各軍分股防堵搜剿之情形也。至秦炳直駐萍鄉搜剿以來。體察地方情形。匪已潰散。謂治亂之道宜寬嚴互用。一以查拿解散爲主因。剴切曉諭。將匪徒區分三等。凡勾引拜會焚掠刧殺者爲頭等。罪在不赦。特懸重賞緝拿。其一時附和。而平日非甘心從逆者爲次等。准其引拿首要立功贖罪。無立功仍按律嚴辦。若僅被誘脅入會。並未爲匪者爲三等。准其繳銷票布。禱神誓悔。取其團族保結。給予護照回家安業。並即酌定清鄉章程及嚴禁煙賭等條例。發各營縣紳耆等。飭令切實遵辦。一面知會湖南醴陵瀏陽等縣。同時並舉。各清各鄉。張季煜即駐萍鄉宜春萬載三縣適中之地。訪查糾察。俾該員等不得操切以圖功。亦不許因循而貽患。歷三閱月而清鄉始竣。其間徐紹楨於上年十二月。因甯軍各營有需商辦整頓之事。經奴才端方飭先回甯。其督率軍隊及協同清鄉等事。即責成標統艾忠琦接辦。嗣因清鄉大致就緒。戶冊亦將造成。臬司秦炳直以省署積牘已多。亟待清理。經奴才等於正月十八日據情電陳。欽奉電旨。准其回省。仍留張季煜駐萍料理。現在各處清鄉一律辦竣。民情安堵。各軍陸續撤回。張季煜攜帶清鄉冊籍業經回省。鄂軍尚有一營暫駐安源礦地。亦極安靜。此辦理善後之情形也。伏思此次匪亂。凶燄鴟張。逆謀狡譎。始者頗思一逞。雖尚無深固巢穴。快利槍械。惟軍以革命爲名。意圖煽惑響應。去冬奴才端方拿獲匪黨袁有升楊卓林等。訊據供稱係由逆匪孫汶暗中勾結。倘或日久未平。潛濟精械。後患何甚設想。仰賴聖上威福。各軍將士效命。得以指日撲滅。掃蕩妖氛。所有在事出力文武各員。不無微勞足錄。合仰懇天恩。准其分別保獎之處。出自逾格鴻施。謹奏。奉硃批准其擇優酌保。毋許冒濫云云。

第二十九章　丙午南京之黨獄

江南新軍之革命潮　萍瀏革命軍之接應　楊卓林等之被逮　孫毓筠等之被逮　袁有升等之被逮　龔鎮鵬等之監禁

江南新軍之革命潮　江南新軍自癸卯留日義勇隊成立及蘇報案發生後。卽有愛國志士投身軍隊中。宣傳革命排滿之說。士卒從而附和者頗不乏人。及乙巳東京同盟會成立。上海旋亦組織分會。益派同志多人。分赴江南各地。從事軍界之運動。新軍將弁如趙聲倪映典林述慶柏文蔚冷遹楊希說諸人。均先後入黨。在江南軍界佔有一部份勢力。趙任管帶時。日在珍珠橋營部高談革命。軍學兩界同志恆假其地爲宣傳機關。及擢任標統。從者益衆。事爲滿將舒清阿等所知。乃嗾使江督端方將趙等一一撤差查究。趙倪失職後。赴粵供職。復被端方電告粵中防範。卒致不安于位。柏文蔚則以東走滿洲得免。蓋江南新軍革黨將領之見疑。其大原因在于丙午中山派喬義生偕法國武官巡遊長江各省調查軍隊勢力一事。喬等至南京時。嘗訪問軍警界同志接洽一切。以是爲督署密探所悉。故端方得以從容防範。使革黨在江南數年不能有所措施。與湖北日知會之橫被摧殘。同出一轍。

萍瀏革命軍之接應　丙午十月萍瀏一役。本無謀定後動之具體組織。故革命黨東京本部事前並未與聞。及既發動。本部始先後派孫毓筠楊卓林權道涵段澐廖德璠李發根胡瑛甯調元等分赴蘇皖浙湘鄂各省運動起事。爲萍瀏義軍之聲援。而上海黨員劉震黎兆梅滕元壽等復聯絡

楊卓林

長江一帶會黨袁有升江佑泉龍見田傅義成趙太周江載春黎貴和徐福榮曾斌諸人。密謀在南京起事。詎機事不密。各種計畫均爲虜督端方所破。除劉道一甯調元胡瑛等在湘鄂被逮之外。孫楊權段諸人相繼就擒。鮮有倖免者。端方初疑江南軍界與革命黨相通。及獲孫楊等。復有所聞。遂對於軍界多方設法防範。第九鎮新軍營弁因此受嫌撤職者頗衆。

楊卓林等之被逮　楊恢號卓林。偕李發根廖子良三人由日本回滬。擬運動蘇浙兩省及會黨

起事。因與駐吳淞標統周維藩為舊交。親往遊說。使之反正。周允贊助革命。而不願担任發難。楊失意返滬。旋誤結識江督密探蕭亮劉炎二人。蕭劉向奉端方命。專在滬查探革命黨。冒認會黨頭目。佯投入會。故設陷阱。使人入彀。楊等不知其詐。被誘至楊州。在某茶樓遇

甯調元

捕。旋在客店搜出炸彈八枚。製造炸彈藥料多件。及楊代撰孫文致南洋淮楊等處革命軍都督劉及總執法兼參議事蕭等照會數通。其文云。

建立中華共和國革命軍大總統孫為照會事。照得本總統自提倡大義以來。專以驅除胡虜恢復中華建立民國平均地權為宗旨。幸我海內外同胞咸知滿人為我漢族不共戴天之讎。各抱熱誠。共張撻伐。或同盟起義。或歃血誓師。如風之行。如響斯應。本年十月南軍樹幟。率三湘子弟為天下先。大兵所至。簞食壺漿。具徵人心思漢。天意厭

胡。凡我同胞。際此尤爲千載一時之機。會本總統歷年奔走歐美諸洲。運動聯合現今如英法德日美等國。上自政府。下至人民。均極傾心贊助。願進東亞文明之幸福。而保全世界公共之平和。故本總統對於內地各同志會黨。已具有實力者。一律照會通知。發給關防。以期義旗共舉。本總統得調查部報告。聞貴軍精養有素。蹈厲無前。如長江大河。必有一瀉千里之勢。本總統具大期望於貴軍。貴軍亦卽負大責任於中國。替天行化神武不殺之謂仁。伐罪吊民溫肅並行之謂道。凡大軍所到之處。嚴禁侵犯姦淫。俾農工商賈各安其業。更嚴禁妨害外國人之生命財產教堂商埠等。俾外人不得乘機至內地。學堂工廠。尤必極力保護。以應民心。軍中人等。應知此舉專以驅逐胡虜。收回主權。爲同胞謀幸福起見。非以國家爲一己私產者所比。爲此合行照會貴軍。厲兵秣馬。速舉義師。其應用軍械。本總統自當源源接濟。不至有匱。並給軍事關防。以資信守。務期同心同德。以戕胡虜之命。而贊中華民國之功成。用伸大義。布告同胞。須至照會者。

右　照會

南洋淮楊等處革命軍總執法兼參議事蕭

計開

黃帝紀元四千六百零四年歲丙午十一月二十六日行
另有照會南洋淮楊等處革命軍都督劉公文一件。文與前同。不重錄。
楊廖李三人被逮後。經端方派員嚴訊。三人各有供詞。據清吏所發表者照錄如下。
（其一）楊卓林供詞
國民楊卓林。我是孫文之副將軍。楊卓林。革命黨。從政治革命鬪歐史。法國盧梭云不自由無甯死。佛家云衆生一日不出地獄。卽余一日不出地獄。白種迫我黃種。卓心存保黃種之議。俟百年史家評論。廖子良李發康兩人乃我騙來造教習的。受我之害。拖累無辜。懇各位審判官保全二人生命。製造棉花火藥之硝酸酒精各藥水。是我同黨劉貢的。
十二月十六夜楊卓林供
（其二）廖子良供詞
學生廖德璠。號子良。年二十二歲。湖南醴陵人。住居西鄉石亭。自去年八月十五往日本。到東京時。楊卓林卽來迎接。學生並不認識。繼又與學生同寓。常言道人生在世。總要仁義二字。果然平常錢米不稍吝惜。至九月間夜在學生房中。道伊是革命黨中之最有勢力的人物。並道伊先未讀書時。在外遊蕩。得晤長江一帶會黨的總頭目。一年四季。無一時不是有大錢用。無一日不有大塊肉大碗酒吃。此次出洋。特爲會孫文的。孫文果識人才。即授我以副將之職。學生初聞之大爲驚駭。久而久之。屢有所聞。故不覺成爲習慣。十一月間。日本取締事出。同鄉即議抵制不成全體歸國。學生故於二十與同邑四人回國。當臨行時。作林即到橫濱學炸藥。至如何學法。學生不得而知。學生今年在中國公學肄業。四月間楊作林即回申。到公學會學生。迫學生入會。學生當時畏之未應。既又運動馬君武勸學生。至於再三。學生方允之。學生允後。作林即往南京各軍隊內演說運動。九月間又到河南天津北京等處運動。後又到浙江江蘇等處運動。後即到滬寓法界鼎吉里夏寓總機關部。住有數天。得萍醴起事的消息。孫文即有信與作林。使往廣東起事響應。以牽制官軍。作林以無經濟不果。後聞萍醴事敗。到粵之舉。擬作爲罷論。正思議間。適蕭亮劉炎二人來投孫文。而孫文在東京。劉蕭二人即欲往見。作林即止之。蕭劉即索得投孫文的憑據。作林即代給蕭劉趙三人照會與關防各二件。於是議往楊州。作林即力勸學生同往。學生以事有關身家。不敢應之。後學堂放年假。學生欲歸家省親。以家鄉禍起。家中信息毫無。屢次寄音。有如泥牛入海。消息毫無。因此之故。

學生亦不敢回家矣。奈何財囊告罄。欲守株不能。作林遂以三十元之金接濟。十二月十一在總機關部。作林持一個鐵球與學生視。學生卽問爲何物。作林隨答之曰。鵝蛋子。再問之。始曰是炸彈殼。學生又問此係何人的。作林曰係蕭劉在上海機器局所買者。以上所述。皆可執證楊作林。據作林說。伊十五歲出身當兵。十八九歲始讀書進學堂。稍染有一點新學派的氣息。倡言種族革命。故孫逸仙封他爲副將。伊就詡詡然自鳴得意。今歲又牽引學生入革命黨。

此次萍醴事起。皆係孫逸仙之原動力。當起事時。孫卽派某某等爲上海之總機關部。又派有朱容卿（廣東人）文秀華（福建人）劉鏡堂（湖南瀏陽人）甯文昭（湖北襄陽人）到萍醴主謀。作林本係孫逸仙派他到廣東起事。作林因萍醴事敗。遂止之。後蕭亮劉炎二人來申。決意來投孫逸仙。作林卽爲之主。刻有印信三顆。一南洋淮楊等處革命軍總參議趙（紳士）之關防。二南洋淮楊等處革命軍總執法兼參議事蕭之關防。三南洋淮楊等處革命軍都督劉之關防。擬在長江一帶起事。（由瓜州出江）乘南京之虛。湖南之黨已成流寇。難以撲滅。若長江事起。廣東響應。湖南之黨又可復興矣。

由九江至萍鄉一帶。皆係洪江會之藪。他如曹州之馬賊。嘉應之幫黨。東三省之鬍子。

皆係聯絡一起。淮楊黨起。必先取楊州之糧。然後從瓜州出江。某某乃革命黨之執法部。聞作林所言製炸藥之種類甚多。略舉如左

銀入硝酸。或水銀入硝酸。或木棉入硝酸。或酒精入硝酸。

聞楊作林之言。吳樾之事未成。伊必成之。

炸彈之事。學生實未得其詳。不過十一日下午。在作林寓看見如鷄蛋形之鉄球一個。學生即詢其何物。作林隨應之曰。蛋子。學生求其實。作林始曰。炸彈殼。學生又詢其內裝何物。作林答曰此非爾所知。學生即究其故。伊曰。此物最危險。非經試驗者不可輕使。後伊復出一張字紙與學生看。乃製炸藥之一種。大槪是用水銀溶解於硫酸。濾乾即得。以之如何用法。學生未曾過問。

此回到楊州。學生有十分之八九不願。因李發羣怕作林荒唐。不敢獨隨。故竭力挽學生同行一往。至於到楊州爲何事。則曰聘學生等當教員開辦學堂。繼則曰爲遊歷起見。不意禍從天降。學生等坐甕不知。時也命也。及到楊州落客棧。學生等與劉炎到酒樓用餐。斟酒未乾。巡警將學生等三人縛束矣。

（其三）李發根供詞

李發根字芋禪。籍隸湖南省長沙府醴陵縣東鄉。年三十歲。家居東鄉熔江境。父親李青蕃。由拔貢中舉。殿試考取景山官學教習。現在雲南知縣。學生向來在家讀書。於去年八月間東渡日京。肄業宏文理化。夜班東京實科學校。日班理化專科。楊卓林向不認識。到東京後始面識。於十一月中旬到上海。適楊卓林在滬。這楊卓林係孫文黨。伊在橫濱學習英文。又聞學炸藥。學生未得實在。伊自東京回。在上海組織革命機關部。孫文賞伊陸軍大將。與蕭劉扎委一通。並有印信三隻交蕭劉趙收用。至於長江會匪多少。學生不得實情。但有欲響應萍醴之事。嗣因萍醴事敗。又無軍裝火藥。以致未動。此係聞楊卓林之實在情形也。學生與廖梓梁此次到楊州。作林謂到蕭劉處過年。踏看該地情形。以見其勢力。為日後之豫備。（謂該處係一村落。有數十人家。無一不與同類。並各有土鎗兵器）該處離楊州八十里。學生不知其地名。據楊卓林說。該處伊亦未到過。聞蕭劉二人說。平常有數千人在外搶劫。懸在離楊州二百里之外。所以該處數十年來。未曾犯案。學生在東京聽柳頌雲說孫黨之好。以愛國保種平均地權為宗旨。故學生亦入之。現在帶來之炸彈殼模樣。聞蕭子翼與楊卓林說在上海某鉄店中做成。嘗聞楊卓林說。此樣不好。要桶杯形方合用。其中安銀爆藥。先須以膠水調藥入之。方保危險。不然。身邊不可帶也。其銀爆藥有將水銀與硝酸合成者。柳頌雲在東京正則英文學校。法蘭西租界鼎吉里第七號王寓。楊作林常住此處。又英租界留學生招待所張保卿處。作林亦常往。

上海機關部任事者爲朱光環張保卿朱保康高某蔣保勳。

李發根謹狀

楊等訊供後。端方判稱楊恢于三十一年遊學日本。投入孫黨。授爲僞副將軍。令往各處運動。李發根廖子良遊學日本。喜談政治革命。被楊煽誘入會。未授僞職。楊卽就地正法。李廖各予監禁五年等語。楊竟就義於此役。

孫毓筠等之被逮　孫毓筠於黃克強離日時。曾代理同盟會本部庶務幹事職。丙午冬偕權道涵段澐二人回國。時中山嘗在牛込區寓所爲孫設筵祖餞。孫等歸抵上海。旋赴南京。欲於軍界有所活動。抵甯未久。卽被警察跟蹤拿獲。端方以孫曾捐道員。且屬大學士孫家鼐之姪。與有世誼。故待遇較他犯略優。且有意爲之開脫。以是研訊之結果。從犯之權道涵段澐判處永遠監禁。首犯之孫毓筠反得從輕監禁五年。謂其主張政治革命。並未爲匪。俟限滿察看。再行酌核辦理云云。照錄清吏所發表之三人供詞如左。

（其一）孫毓筠供詞

孫毓筠號少侯。年三十八歲。安徽壽州人。向住壽州城內郝家巷。父於辛卯年故。母庚子年故。去年九月妻汪珏攜帶兩兒赴日本留學。長兒十五歲。次兒十三歲。均在曉星中學校肄業。汪珏在奎文女子美術學校習造花編物專科。毓筠今年三月始赴東。擬入早稻田大學文科。在校外預備英文日本文。須兩年工夫始能入校。幼時承父教訓。年十五入學。報捐同知。分省試用。（在正陽鹽票減成案內報捐）。後又託人在天津捐局加捐道員。因款未繳齊。核准與否。尚不可知。弱冠後隨堂叔少鼎比部。（名傳奭去年秋間已故）講習陽明之學。年二十三。父歿。居喪時讀楞嚴圓覺等經。皈向佛法。二十五歲冬間大病。遂閉門遍覽大藏時法相宗各經論。新由日本取回。（五代之亂。中國經論遺失者數十種。法相內如成唯識論述記因明疏唯識樞要等皆遺失無存。）專心研究相宗。兼習華嚴。承楊仁山居士認可。丁酉歲決意出家。楊居士聞之。致書毓筠。謂如果發願度生。即在家亦可。何必定在沙門。毓筠得書後遂止。壬寅歲與族人共建藏書樓。備人閱看。甲辰年創辦小學。歲捐款數百金。至去年九月。因經費竭蹶。遂歸併壽州中學。今年十月安徽提學使赴東。邀毓筠回國。在安慶建立佛學堂。此次同伴祇有權段程三人。擬在甯勾留數日。即往安慶。與沈學使商辦佛學堂事。因途中感寒病作。尚未起身。今晚遽被逮捕。所供是實。

日本外部告楊使曰。貴國革命黨購買日本軍火。（已購軍火値價十四萬金）係由商人經手。政府不能干涉。但貴國海關可於此時嚴密搜查。勿令入境。軍火係日本人包送。大約總由上海。南洋則由新加坡爪哇。孫逸仙自往運動。法國軍火輸入。大半由瓊州。如何運法及運至何處。尙不得其詳細。香港運送不便。凡非鄙人所明曉者。不敢妄對。瓊州一路輸入之軍火。大半在潮州。惟潮州何地收藏。何人經營。不得而知。

凡有虛言及知之而不肯盡言者。定遭天殛。非孫氏子孫也。

口口口號口口。沉潛好學。辦事切實可用。此人並非孫文黨羽。今歲隨李木齋星使出洋考察政治。

江南始終必有事變。但不知何時耳。

孫逸仙住橫濱山下町百〇〇番地。現在改住東京牛込區筑土町租屋。黨羽約萬餘人。多上中社會。孫文此次本欲聯絡饑民。以圖內應。但事機遲。不能如志。因此事早未預備。故措手不及耳。

秋操起事之說。（卽鎮江哥老會長）是哥老會故造謠言。欲圖騙錢。（騙孫文之錢）

前紙答語。直抒胸臆。毫無所隱。午帥憐才。有意保全。身非木石。甯不知感。不肖之志。惟在救國。不論用何手段。但能有利於國。雖艱難險阻。亦所不辭。但數十年來目擊官場情形。腐敗不堪。雖有絕大本領。一入其中。卽棘地荆天。無所措手。觀此次改革官制之難。可以概見。况能力薄弱如毓筠者。何能有所裨助。不肖之意。以爲午帥果有保全之意。但願披緇入山。從此不與聞世事。無論何黨何派皆一概斷絕關係。不肖弱冠時。卽有出家之志。雖爲塵網所攖。一時未能驟脱。此志終未遷改。黑暗世界。厭棄已極。妻子財產。毫無留戀。區區之心。倘求鑒察。毓筠謹狀。

第二次供云。道員係前年托人在北洋報捐。指分直隸。未繳捐。免保舉。倘未核准。自吳樾死後。年少之士欽慕吳之大名。欲步後塵者日多一日。此種人較空談革命者更爲激烈。愈殺愈多。俄國虛無黨之風。行將大盛于中國。此亦專制政體所養成者。憲政一日不實行。此事卽一日不絕。况鐵寶臣輩實行排斥漢人政策。官制改革新案出現以後。形迹昭著。有目皆知。年少之士。見滿漢終無平等之望。激烈之氣更加十倍。其心但求能去滿洲一二當大位者。至於其人如何。果與鐵帥同志與否。不暇問也。

據何道傳述。午帥意甚憐才。欲利用以達立憲目的。而解散革命黨羽云云。不肖深感高誼。但平日所挾之主義。非有意與朝廷爲難。祇求以激烈手段。要求政府能得眞正立憲。俾四萬萬人同享幸福。不致如印度朝鮮爲人奴隸。萬古不復。此目的能達。雖粉身碎骨。亦所不悔。不然。世受國恩如不肖者。豈肯甘冒不韙。居亂臣賊子之名而不辭哉。此次到甯所謀之事。旣已敗露。日前已據實直供。甘伏國法。如此而死。可謂得所。尙復何言。但與不肖同志者。已徧海內。誅不勝誅。前者雖仆。後者仍繼。朝廷所以制馭人民者。不過能生死人。至於熱心國事。愍不畏死。雖有嚴刑重法。亦何所用。不過結怨愈深。爲叢驅爵。使天下有志之士盡入於革命暗殺之一途。將來之禍。更有不忍言者。惟望午帥祇誅渠魁。其餘概不株連。勿爲一網打盡之計。否則愈殺愈多。豈能盡人而誅之乎。不肖此生已矣。所不瞑目者。國家基礎未固。眞正憲法不知何日能以成立。滿漢交訌於內。列強將乘隙奪我國權。不至滅亡不止。此恨雖歷萬古。豈能塡哉。死期將至。言盡於此。伏希鑒察。孫毓筠謹狀。

第三次供云。鐵良良弼舒清阿。此三人爲保皇革命兩黨所最忌者。目的皆在此三人。實行部長孫文。副部長黃興。暗殺目的注於午帥者。實孫文與黃興兩人。而黃爲尤甚。暗殺主義者。卽所謂個人主義。凡實行此主義者。非如革命黨必須有大團體。卽如去秋吳樾之事。知之者不過一二人。（指實行部而言）蓋此事一經多人共謀。必至漏洩也。海軍公所炮彈之事。（實係有放炸藥者）究係何人所爲。至今尚未調查得實。不敢妄舉以對。

暗殺團體分三部。一籌款部。一造藥部。一實行部。三部中人。姓名各不相知。實行部臨時由會長命令指派。三部皆係上中社會人。造藥部須研究理化數年。實驗既久。然後能勝任。實行部皆少年氣盛。迷信海蓋爾巴枯甯哲學。或崇拜荊軻聶政諸人。不惜犧牲身命。以殉名譽。若年長閱歷稍深，卽不能任此事。故實行部中人皆年在二十五前後者。

此次同來之段權兩君。皆係堪任實行部者。（此次並未帶炸彈來。）此兩人尚求午帥羈縻之。

凡陸軍中人。苟非有大過犯。不可輕於撤退。彼居職時尚希望遷陞。雖有異志。不敢輕舉妄動。若一經撤退。希望頓絕。卽不免怨望。此後陸軍中人。望午帥加意羈縻。推誠相待。可免將來禍亂。

不論保皇黨革命黨。（政治革命種族革命）皆以暗殺（爆裂彈）爲手段。

政治革命者。不論政府爲滿爲漢。但其政治不能改良。國民不能自由。卽要將政府推倒。變置政府。種族革命者。但以滿政府爲目的。（滿政府而衰。固要革。滿政府而善。亦要革。）孫文主之最力。黃興原名軫。去秋放炸彈者爲吳樾。字孟俠。此次立憲改制。盡屬一篇空文。海內人心均大失望。卽向持中和主義之人。亦大半傾向於革命一邊。總之不得眞正立憲。人心萬不能平。卽革命之禍終不能免。

馮自由在香港主持粵省一切事務。

能任臨時胥行部之人。湖南安徽兩省人最多。余非此道中人。權道涵王延旨（湖南人現在東京）段　雲　柳聘儂（湖南人住東京牛込區築土八幡町三番）

金　旭（安徽人）　陶茂宗（安徽人）

黃贊亭（湖南人）　稽　亭（湖南人）　現已監禁等皆是。

現在警察亦在危險地位。彼等目的所注者。能免暗殺與否尙未可知。凡在陸軍爲孫文暗中招致黨羽者。大半皆係東京士官學校畢業生。聞有五十餘人。但姓名不能記憶淸楚。

（其二）權道涵供詞

道涵等此次歸來。係黃興代籌百念元。

孫文之黨。在上中社會者。不過千人。下等社會則不知有若干人。此上中社會之人並非孫文死黨。實行部有炸鐵良語。前云下關搜查甚嚴。何以此次我來。並未搜查。城門關閉。止須小洋二角。即可開門放入。深爲詫異。

所有暗殺實行部中人相片。我來時均已付之一炬。

口口爲人學識俱優。熱心任事。現在東京組織一黨。發行機關報。（名曰口口口口）提倡要求立憲主義。

炸彈係購自日人名小室者。此人住東京牛込區。現價十個。須三百元方購得來。因無錢故取不來也。

黄翼無此人。（凡與此字同音皆無）此間眞無炸彈。

實行部中人。非三年不盡知道。涵所知者。潘贊化傅家珍（在成城學校）鄧瑞黄近午即黄興（與孫文同住）張繼易義谷甯調元。

所謂實行部中人者。非人人足能放炸彈。蓋血氣未定之人多故也。

本意初七日即歸家省親。

孫文如歸國。必先到廣東。因别處無渠心腹之人。一旦歸來。恐有不測。如廣東事已起。得勝之後。方來長江。此係道涵意想。亦渠所必然。在東京時。聞人說孫文發十餘封英文信。係給何處何人。則不知也。蓋渠與心腹人通信。大抵以英文。防外人耳目。

廣東起事在何時則不知。

吾等能否助渠。渠亦不問。渠自有辦理此事之心腹人。大都在兩廣及南洋羣島。籌款及軍火非在東京革命黨所得知。即渠之來東京。不過以一片激烈之談動人聽聞耳。吾等此次乘海輪時。曾遇爪哇一中國商人。係到日本遊歷者。彼大罵孫文爲不信實之人。想是保皇黨一派。

孫文心腹之人在東京者姓鄧。忘其名。

權道涵謹狀

（其三）段雲書供詞

段雲書字子翔。二十三歲。安徽壽州人。住城南孟家崗坊之石家集。家有老母及兄嫂。並無弟妹。家世經商。於三十一年游學日本之同文書院。後爲經濟所窘。遂於九月間歸國。今年十一月復往東京。住二日而返。與孫少侯偕行至南京。住長安棧。於十二月初六夜九時被逮。

實行部雲實不知。雲不過一普通會員耳。前日有所不言者。以有應守祕密之義務也。雲如有虛言欺枉閣下。蒼天殛余以雷霆。豕生狗養。非人類也。

雲（癸卯）二十始知有革命之事。自聞此論。心頗飫之。蓋以大丈夫不能留芳百世。亦當遺臭萬年。余好身手。絕不欲以庸庸終也。但此時徒有空談家。並無所謂革命結社者在何處也。然欲一見革命黨人。不啻大旱之望霖雨也。年二十一。（甲辰）於自由平等之說益迷信。而家庭之革命遂起。蓋余家家人及老母皆愛余。余欲出而求學。藉以物色一革命英雄而與之游。家人不余許。余終奮迹以出。而至安慶。欲入武備練軍。造一軍人之資格。此余家庭革命之歷史也。

入武備練軍不果。遂變計而爲日本之游。遂于乙巳年之三月。得孫君少侯助余百金。而東渡焉。四月初抵日本。見留學界之腐敗。並無所謂英雄豪傑者遇於余前。蓋舉目皆勢利小人苟且偷安者流也。某月孫君逸仙至日本。學界懽迎大會。余亦在焉。是時余尚在革命範圍之外。越數日。得入中國同盟會。而爲革命黨人矣。九月底。余挾炸裂彈（計六枚）返上海。寓新大方棧。蓋欲步北京車棧之後塵。然而無機可乘。住數日。遂寄炸藥於黃仁（浙江人此人已到溫州）之處而返里。時則臘月上旬矣。此入革命黨後之一段歷史也。（去年曾經孫少侯帶來一枚。到此地試放。據云不行。現尚存五枚。）

今年丙午正月間於上元之次日出。老母及家人皆下淚。余亦耿耿。然而大丈夫雄心萬斛。未嘗少作兒女態也。至上海晤孫君少侯。言此刻無計可展。祇有暫時蟄居。以俟機會。而孫君赴日本。余遂隱於蕪湖之安徽公學。名叚昭焉。以後無所事事。得藉暇晷涉獵中國書籍。於靜安文集最好之。而於世情少冷淡矣。曾有浪淘沙調云。

措大坐堂廡。遊神尚古。大地週圍乾淨土。無論生草又生人。相將口口。放眼不堪覩。塵沙莽莽。口河山破碎無裨補。怕聽寒夜月三更。嗚呼杜宇。

余所以起此觀念者。大半自閱靜安集後。世情已冷。以爲世界種種事體。皆係人盲目之運動。

使世界一日有人類。卽一日不得和平。然每一觸不平之事。卽又爲之傷心。蓋出世之心。尚未十分解决也。故此次來甯之心。不過如御長風。以消遣胸懷。假使能有萬一成功之日。使吾民稍脫困苦之日。使余目不覩傷心之事。且不聞受屈之言。然後抱一二卷殘書以慰藉天年。留些許言語。使後人知所脫離困苦。則於願足矣。

雲至今日。可以誓終身不與世事。卽欲多生一日者。亦只欲求一宗學問以貺後人。

閣下若能使雲達其目的則萬幸。不然惟視死如歸耳。閣下之爲人。可爲吾國宦途人首屈一指。眞所謂鶴立鷄羣者也。雲眼孔之小。猶足見閣下高明。有以知天下之佩公欽公者多多也。囹圄中燃無玻璃罩之煤油燈。於衛生上最有妨礙。倘能永遠改良。亦閣下功德無涯也。自新所雲雖未曾入視。想亦用此項燈油。亦乞一律改良。是所至禱至祝。南京此時無炸藥。可斷言者。雲所攜之炸裂彈。盡在溫州。他處若有。雲不知。既在溫州。上海卽無此物。故此次來甯。未曾攜來。對午帥感情最壞者。大約爲湖南人。雲故不注意。雲抱此志最單純。故注意之人甚少。惟鉄良良弼而已。

著者按各供詞係當日上海各報轉載南京照片全稿。據云字句行款。一依原本。故頗有不可解處。閱者諒之。

袁有升等之被逮　萍瀏義軍發動後。尙有留日學生劉震黎兆梅滕元壽等回國運動哥老會頭目袁有升江佑泉龍見田曾斌傅義成趙太周江載春黎貴和徐福榮等在蘇省發難一事。袁有升等九人於十月一日間先後在南京被逮。主謀之劉黎滕三人幸皆知風逃避得免。端方派甯垣巡警中路某區長研訊。均供認存有票布兩箱。交通孫黨不諱。隨判將袁汇龍傅四人就地加害。傅趙江黎徐六名分別監禁。事後曾呈請軍機處代奏。文云。

近因萍鄉醴陵匪徒倡亂。長江一帶伏莽素多。尤慮乘機勾結。密圖應附。昨經方密飭員弁。拿獲票匪袁有升江佑泉龍見田傅義成趙太周江載春黎貴和徐福榮九名。起獲票布僞印。訊據供該匪正龍頭爲東洋士官學校自費學生劉震卽劉春江。副龍頭爲黎兆梅卽黎肅淸。該匪袁有升爲會辦。江佑泉爲執堂元帥。龍見田爲聖賢。傅義成爲盟證。會中經費按年由孫文接濟。今在沿江各處煽惑。旋又拿獲票布曾斌一名。據供在會爲坐堂大爺。其票係孫逆黨羽滕元壽散給各等語。查該匪等一係孫逆夥黨。一係孫逆黨羽滕元壽主使。領受票布。希圖煽亂。實屬悖逆不法。袁有升江佑泉龍見田曾斌四犯名目較大。罪不容誅。已飭就地正法。以靖人心。並將傅義成監禁。俟拿獲黎兆梅時備質。餘犯趙太周江載春黎貴和黎蘭徐福榮等五名情節較輕。分別監禁。遞籍管束。劉震現在東洋留學。已電楊使查明。該犯如果尙在士官學校。卽令退學。兆梅湖南甯鄉人。據傅義成等供。現回湖南運動。已電岑撫密拿務獲。滕元壽係東洋裝。曾自稱已入洋籍。現回日本。已派得力員弁追拿。誠恐聞風在東洋避匿。不易就獲。此外逆黨頭目。不止一起。踪跡詭祕。偵探甚難。業經密電湘鄂贛皖督撫協商密捕。務期淨絕根株。用抒宸廑。謹請代奏。

龔鎮鵬等之監禁　丁未南京將弁學堂學生安徽龔鎮鵬江北王庸湖南王南福。因在校內高談革命。被監督繆永山告發。江督周馥親訊。初判監禁十年。後由南洋官報局總辦張通典從中設法。改爲監禁六月。

第三十章　日知會

日知會與耶教　日知會之勢力　日知會與華興會　日知會與同盟會　日知會與法武官　武昌之黨獄

日知會與耶教　庚子唐才常敗後之第四年歲次癸卯。湘鄂兩省之革命志士復組織日知會爲運動機關。初主其事者爲耶蘇教牧師胡蘭亭黃吉亭等。時武昌漢口長沙等處均有聖公會爲耶教宣講所。武昌聖公會設于高家巷。胡蘭亭主之。長沙聖公會設于吉祥巷。黃吉亭主之。而革命團體之日知會卽附設其內。蓋是時淸吏畏歐美人及外教如虎。革命黨鑒于前次唐才常之失敗。不得不利用外教爲護符。以向各方面宣傳運動焉。

日知會之勢力　胡黃兩牧師藉說教之機會。日向紳商軍學各界鼓吹其革命排滿之思想。收效甚巨。一時兩省志士。如鄂之劉家運馮特民曹亞伯吳貢三朱子龍季雨霖殷子衡李亞東梁鍾漢石志泉吳崑。湘之黃興劉揆一禹之謨胡瑛宋教仁易本羲陳天華諸人。皆陸續入會。至爲踴躍。就中劉家運馮特民二人主持武昌漢口兩處會務。尤爲得力。淸軍統制張彪部下之兵弁入會受教者頗衆。

日知會與華興會　甲辰間。黃興劉揆一爲聯絡哥老會之故。另組華興會及同仇會爲起事機關。會中首領頗多日知會人物。九月事敗。黃興潛避於長沙吉長巷聖公會。賴同志黃吉亭曹亞伯之助。間關出險。日知會之力爲多。

日知會與同盟會　乙巳八月。東京同盟會成立。日知會會員爲全國革命黨大團結起見。一律加入。兩會遂合併爲一。湘鄂兩省之日知會會所亦即同盟會機關。黨員較前益盛。丙午夏間。劉家運馮特民以聯絡軍界。漸臻成熟。特派同志吳崑赴香港訪黃興商議發難事。黃適往南洋。馮自由乃款吳於中國報。令候黃回取進止。兩月後。黃自新家坡返。乃授吳以方略。使回鄂積極籌備。候華僑款集。即可大舉。鄂省同志聞吳回報。非常鼓舞。詎因法國武官演說事。大起當局之疑。卒致數載經營。盡付水泡。殊可惜也。

日知會與法武官　在萍劉起事之前數月。孫中山因法國政府有意協助中國革命。特商由法參謀部派遣武官多人。偕中國革命黨員巡遊長江沿岸及粵桂湘鄂滇蜀各省。調查革命黨實力。以便相機協助。時被派隨法武官歐極樂巡遊長江各省者爲山西人喬義生。喬等到鄂省時。劉家運等在武昌聖公會開會歡迎。法武官演說革命。異常激昂。黨員聞法政府有心協助。莫不興高采烈。座中軍界同志到者極衆。淸將張彪聞亦變裝雜羣衆中刺探消息。尋以當日開會情形密告鄂督張之洞。張以事涉法人及耶教。未敢遽下毒手。祇派稅關洋員某英人隨法武官行蹤。在津滬航程中竊取其旅行筆記及報告書。爲對外交涉之證據。適萍瀏黨軍大起。遂乘勢大興黨獄。而日知會自是不復存在。

武昌之黨獄　張之洞既偵悉日知會爲革命黨機關。乃出示嚴禁日知會。并懸賞通緝劉家運。指爲湖北全省黨首。劉號儆安。向主持日知會閱書報社。曾在某統領營中辦文案。識者頗衆。惟不知卽爲家運。故無有疑之者。迨直督據稅關洋員某英人報告。偵知日知會辦事人及地址。迅電張之洞嚴行查緝。張卽派督捕營弁馮少竹在聖公會會堂對門售玉器之張瞎子家中。將劉之父與父弟一並拿交江夏縣監禁。並照會美國領事。于十一月二十九日由張彪馮少竹率營兵四五百人圍困聖公會堂。將劉搜獲。并檢出名冊四巨本。多係軍學界中人。同時復先後逮捕朱子龍梁鍾漢胡瑛季雨霖李亞東孫鴻鈞吳貢三殷子衡等多人。朱原名成。字松平。沙市人。梁號鎮堂。漢川人。胡字經武。又號精一。湖南人。均日知會主要分子也。獨馮特民于事前赴新疆得免。劉等被逮後。張之洞派武昌府趙楚江督署委員鄭保琛及江夏縣夏口廳等在武昌府衙門五福堂嚴刑取供。以劉爲領袖。用刑多次。均供認實行革命不諱。張以清廷將行立憲。欲博時譽。從寬定罪爲永遠監禁。劉家運朱子龍二人竟瘐死獄中。胡瑛等至辛亥武昌起義。始獲重見天日。經此役後。日知會在鄂機關遂被摧殘殆盡。鄂中革命黨員於是另起爐灶。從新組織共進會及文學社。以爲革命機關云。

第三十一章　革命黨與歐美志士之關係

革命黨與英國志士　革命黨與法國志士　喬義生之自述　革命黨與美國志士

革命黨與英國志士

中國革命黨在歷史上與外國志士之關係。以日本爲多。歐美人士之協助中國革命。如法人那非易之助美。美人白齊文之助太平天國。殊不多覯。攷外人之對于中國革命。有所盡力。以乙未廣州一役爲始。其時參與廣州起義計劃者。有香港德臣西報記者黎德及士蔑西報記者鄧勤。均英人也。是役所撰英文對外宣言。卽黎德及高文二氏起草。及丙申年中山至倫敦。被囚于駐英清國公使館。賴其師康德黎之援助。得以出險。康氏之仗義。雖純然出于師生之誼。然于中國革命亦恩人之一也。其時中山在倫敦識一英國少年名摩根者。頗有志于東亞維新事業。中山約其赴華。摩根慨然允之。至已亥庚子間遂來華訪中山。中山命陳少白李紀堂招待之于香港。庚子中山來往日本香港南洋之間。摩常追隨左右。頗得其力。其後摩以革命黨經濟漸困。供給不周。頗有去志。香港保皇黨員聞之。陰助以旅費。摩遂與康徒發生關係。然未幾康徒供給亦斷。摩於是悵然歸國。乙巳春初中山自美渡英。亦嘗寓于其家。其後遂無所聞。壬寅洪全福廣州一役。英人之預聞其事者。有香港每日西報記者克銀漢。是役之英文宣言書卽由克氏親手點石印版。及洪氏失敗。在港黨人被英警逮捕者頗衆。後由英京殖民部電令港督釋放。克氏與有力焉。

革命黨與法國志士　革命黨與各國當道發生關係。以法國爲最。壬寅法屬安南總督杜美托駐日法使招中山往見。中山以事未往。是年冬。河內開設博覽會。中山因往一行。幷約陳少白會于河內。以中山款絀。特求助于李紀堂。李慨然助款一萬元。中山到越時。適杜美已離任回國。囑其祕書長哈德安招待甚殷。乙巳中山自英至巴黎。謁杜美。商協助中國革命事。杜美爲介紹于法京政黨要人。頗爲得力。當時留歐學生賀之才魏宸組胡秉柯史青等嘗捐資充中山之外交酬酢費。故革命黨對法外交之得手。留歐學生與有力焉。丙午中山自南洋赴日本。舟泊吳淞。法國駐華武官布加卑預奉巴黎陸軍大臣命赴法輪求見。傳達法政府贊助中國革命之好意。叩中山以各省革命之實力。及軍隊聯絡之成績。中山告以大略。幷請其派員相助。以辦調查聯絡之事。布氏乃于駐天津法國參謀部。派定武官七人歸中山調遣。中山于是命廖仲愷駐天津。助布氏調查中國革命實力及翻譯各報所載革命消息。黎勇錫（仲實）與某武官調查兩廣。胡毅生與某武官調查川滇。喬義生與某武官調查長江沿岸各省。廖仲愷居天津數月。以其婦何氏電招。遂歸東京。不再預聞同盟會事。已酉至北京應試。得授法科舉人。旋赴吉林。在吉撫陳昭常署內供職。辛亥復至北京殿試。得授七品小京官。分發學部。卽榜上列名廖恩煦者是也。黎仲實偕法武官入桂。在桂林晤黃克強郭人漳蔡鍔。在龍州晤鈕永建。互有接洽。喬義生於乙巳年結識中山於倫敦。返國後任武昌三十一標軍醫長。時得中山電。令引導法武官歐極樂調查長江沿岸各省革命黨實力。及法武官抵武昌。喬與劉家運等假高家巷聖公會之日知會閱書報社開會歡迎。武昌軍界中同志到者。座爲之滿。法武官演說革命。非常激烈。喬爲通譯。蒞會者頗有一二偵探混入人叢中。一說謂新軍統制張彪亦變裝入座。以是盡得其實。劉家運朱子龍季雨霖梁鍾漢胡瑛等卽以見疑被捕。其後喬隨法武官漫游長沙沙市九江南昌南京上海廈門福州各地。備受當地同志歡迎。歸途聞武昌日知會運動失敗。始避往日本。時鄂督張之洞因有所聞。特派海關洋員英人某尾法武官歐極樂之行踪。在津滬舟中與之納交。歐不之疑。所藏革命黨調查記事錄竟被某英人竊取以去。張之洞遂據以入奏清廷。其中所言雖不盡實。然革命黨在南方各省軍隊之潛勢力。不免爲之受一極大打擊焉。清廷得報。乃向駐北京法使大開交涉。法使於事前本無所知。乃請命於巴黎謂何以處分布加卑等。法政府令勿過問。清廷無如之何。未幾法政府更迭。新內閣不贊成此種政策。乃取消天津參謀部。而召回布加卑等。此事始告終結。又中山於丙午二月（陽歷一九〇六年一月一日）曾印刷革命軍債券一萬枚。此項債劵祇有百元一種。乃用英法二國文印製。丁未秋間中山在河內聞法商允代銷售。乃電香港馮自由令派人送赴海防。馮乃托田桐柳聘儂譚劍英等携往越南。至海防時。竟爲法國稅關扣留。中山於是派員謁越總督。告以此物乃彼所有。越督立下令放行。其時河內法商頗有營中國革命之投機事業者。鎭南關之役。有法商担任發行革命公債二千萬元。惟約定第一期款須于佔領龍州時過付。迨革命軍失敗。此事遂成水泡。是役從軍者。有法國退閒武官狄氏。亦義士也。河口之役。法商底波洋行亦有如得蒙自則軍械軍餉皆可接濟之言。要之法人協助他國革命之義舉。誠爲英美人所不及。徵諸歷史。固斑斑可考也。

喬義生之自述　與法武官同遊南方各省之黨員三人。以山西人喬義生爲最有關係。據其自述遊歷各地情形頗詳。錄之如左。

一九零四年冬。余在英京識孫先生。當時余正畢業英京醫科大學。因聞孫先生提倡中國革命。遂立志加入革命黨焉。三月後。余奉孫先生命歸國。就湖北武昌卅一標軍醫長。（黎元洪爲協統）在軍中代售民報猛回頭警世鐘等書。以期發揮革命大義於軍人中。又發起每星期二五演講會於各營中。復與劉貞一季雨霖蔡濟民等創辦日知會。附設于武昌聖公會。另辦留日預備學校。不及半載。凡軍官及軍佐入會者已逾二百餘人。一九零六年六月。余接孫先生一電云。有同志法國軍人歐極樂Captain Ozel來武漢調查革命黨情形。請妥為招待等語。余乃偕吳崐劉貞一張佩紳諸同志在漢口極力招待。並在武昌聖公會內開歡迎大會。歐君用英語演講革命為救國之良策。余為翻譯。聽講者有各界人士四百餘人。中有清吏偵探在焉。未幾即將開會及演講各情報告于鄂督張之洞矣。次日余偕歐君赴長沙。有同志周震鱗多人招待。遂開會演講三日。旋赴沙市。有同志朱松萍招待。半夜招集各同志在一廟內開演講及歡迎大會。數日後復回漢口。及再渡江至武昌。始知日知會被封。一切同志不知下落。兩日後余偕歐君至南昌。有蔡公時同志等十餘人招待。由南昌到九江。則有馬丁二同志招待。三日後赴南京。有警界中蔡同志等數人招待。後由南京赴上海。有法租界工部局局長馬勒特 Captain Mallet 招待。并有朱少屏同志介紹各同志。一星期後余復偕歐君赴福州。有該地電報局張同志招待。開歡迎會并介紹各同志。及赴廈門。有廈門日報林同志招待。後余偕君歐乘船逕返上海。歐君回天津。余本擬再返武昌。及閱報乃知張之洞已下令將余通緝。其文曰查有喬義生勾通法人。私運軍火。圖謀不軌。着各地嚴拿。賞格五千兩云云。又聞劉貞一已被拿捕入獄。各機關均被官府封閉。於是余不得不避往日本。抵東京後。承北方諸同志優待。余得以無旅費告乏之憂。時余由東京致函天津法國同志歐君。述余不能返鄂之故。歐君復函。囑余速往天津。因廖仲愷東渡不來云云。余乃以赴津事告孫先生。孫先生極為贊成。余正準備動身。忽接歐君來電。令暫緩行。並云事已洩露。隨接歐君函云。伊自南返津時。北京政府因得張之洞之報告。即派英人偵探。每日不分晝夜。偵伺左右。後竟賄通隨歐君南下之廚役。某晚歐君離辦公室時。忘關鎖室門。次日發覺一切南方通信皆被人偷去等語。不久北京政府忽致電法國政府嚴重交涉。大意謂貴國不應派人干涉我國內亂。而歐君即因此事被調往安南。迨歐戰發生。歐君慷慨從戎。卒捐軀報國。余每念及歐君對于吾國革命之熱誠。不勝欽佩之至。以上所述。為余投身革命之實地工作。其間約二年餘。其後孫先生語余。謂北方及長江各省皆不可去。旋派余及方君漢城赴廣東汕頭。與潮州許雪秋同志等同謀起事。意欲先佔潮州及汕頭等處。時在一九零七年也。

革命黨與美國志士　辛亥前中山數度遊美。嘗有向美人籌借革命軍債之計劃。然此輩美人大都為一種投機之掮客。並無真實資本。中山與之接洽多次。絕無成效可言。當美洲保皇會最盛時。美人頗有贊成中國維新事業者。壬寅年梁啓超作新大陸旅行。鮑熾為之通譯。極力向美人鼓吹代清廷招兵保救光緒皇帝之說。有三藩市退職武官福近卜者竟爲所動。遽向保皇會報名投効。梁啓超乃用中國內閣總理大臣名義。封福爲中國維新軍大元帥。及至羅省技利埠。復有在野軍事批評家堪馬利求謁。梁驚其盛名。亦以維新軍大元帥封之。事爲福近卜所聞。以一職不容有二。遂向梁嚴辭詰責。由是福堪二氏各登報相罵。竟成一齣取帥印之活劇。福乃將梁所給委任狀印版登報。下有梁啓超親筆署名。舊金山大同日報及香港中國日報皆轉載之。辛亥中山渡美。堪馬利以保皇會欺詐迭出。不足共事。乃求謁中山。願爲中國革命之助。時堪所著美日戰爭未來記一書出版未久。風行一時。中山亦深重其人。適武昌革命軍起。中山遂邀其聯袂回國。元年南京總統府成立。時有外國高等顧問堪馬利者。卽其人也。又中山于甲辰年渡美時嘗見厄于保皇黨關員。被留于天使島木屋者一日。舊金山致公堂黃三德唐瓊昌乃延律師那文向美政府抗議。得以五千金保出候訊。那文與華僑感情素洽。與致公堂尤有關係。民國成立後。民黨更得其助力不少。

第三十二章　革命黨與日本志士之關係

日志士與中山　日志士與康梁　日志士與大同學校　日志士與漢口之役　日志士與星洲之獄　日志士與惠洲之役　日志士與軍事學校　日志士與同盟會　日志士與潮鎮二役　日志士與汕尾之役

日志士與中山　吾國革命黨於革命運動時代。得外國志士之助。爲力不少。日本志士其最著者也。初中山於乙未前在檀香山納交於日本耶教牧師菅原傳。及廣州失敗東渡。乃介紹菅原於陳少白。陳寓橫濱山下町五十三番文經商店。取名服部次郎。漸與日人有志者相往還。先由菅原介紹識曾根俊虎。曾根爲日人中最有心中國事者。自稱原籍山東。爲先儒曾子後裔。著有太平天國戰記一書。篇末載太平天王洪秀全遺言。謂余志雖不成。然不出五十年。必有大英雄出自東方。繼吾志而驅逐滿族。恢復故土等語。觀此可知曾根對中國之抱負矣。陳復由曾根而識宮崎彌藏寅藏兄弟。未幾中山自倫敦至日本。時宮崎平山周可兒長一三人曾於丙申年以犬養毅之推薦。被派赴中國調查各省民黨情形。剛事畢歸國。遂訪中山於橫濱。握手言歡。共商大計。旋約中山同居於東京麴町區。因其時日本尙爲租界制度。不許外人雜居

戊戌年孫中山楊衢雲與日本志士合影

內地。三人乃求助於犬養平岡二氏。以聘用華語教習為名。得免警察干涉。後復遷至早稻田。中山於是漸與彼都人士相結納。如東亞同文會副會長副島種臣進步黨首領大隈重信犬養毅尾崎行雄大石正已及頭山滿秋山定輔內田良平伊東正基末永節副島義一寺尾亨戶水寬人福本誠山田良政山田純三郎原口聞一遠藤隆夫山下稻清藤幸七郎島田經一萱野長知池亨吉中野鈴木安川犬塚久原諸人。均先後訂交。直接間接。頗得其助。宮崎平山於丁酉秋間。以欲連絡中國各省志士。再遊中國。中山復遷橫濱。

日志士與康梁　宮崎平山既到上海。

乃分道而行。平山向北京。宮崎向香港。平山在烟台與畢永年相遇。因同船至天津。偕赴北京。未幾戊戌政變事起。康有爲自北京遁香港。梁啓超逃入日本公使館。平山聞訊。乃使梁喬裝日人。偕同志山田良政小村俊三郎野口多內等挈之出險。同至天津。投日輪東渡。抵日本五日。宮崎亦偕康有爲從香港來。於是康梁師徒皆賴日人之力得免於難。平山宮崎因中山及康梁對於國事意見。未能一致。乃欲居間調停。使兩派聯合謀國。中山嘗偕宮崎訪康。康匿不見。陳少白亦訪康。徐勤代康謝客。適梁啓超自外返寓。竟導陳入見。時康有爲稱奉清帝衣帶詔。以帝王師自命。意氣甚盛。視中山一派爲叛徒。隱存羞與爲伍之見。以是日人斡旋之善意。終無從著手。

日志士與大同學校　日本政黨之標榜支那親善政策者。爲進步黨。而黨中諸首領則以犬養毅爲主張最力。犬養對於革命保皇兩派。皆目爲新黨。一視同仁。始終取調停主義。中山自橫濱遷居東京。犬養實爲東道主。徐勤任大同學校校長。因與興中會派不惬。該校董事多懷退志。幾致解體。乃推犬養爲名譽校長。以維繫人心。犬養亦徇其請。戊戌秋間。兩派意見日深。勢同水火。犬養乃親至橫濱作和事老。無功而回。己亥梁啓超賴華僑鄭席儒曾卓軒等資助。創高等大同學校於東京。任校長者爲柏原文太郎。犬養之左右手也。庚子漢口一役。

殉義者三十餘人。該校學生實居多數。就中如林述唐秦力山尤堅持民族主義。不得謂其與保皇黨有關。卽遽指爲非革命黨也。故犬養對於中國革命事業。直接間接。恆發生關係。可稱爲中國民黨之益友。

日志士與漢口之役　己亥春。畢永年唐才常先後至日本。康有爲命唐回國運動哥老會起兵勤王。唐瀕行。告平山曰。湖南哥老會有起事之兆。因接急電故歸。初不言其實。平山則以爲革命軍欲起事。必四方同時並舉。令敵應接不暇。始爲有力。今各處未準備。獨湖南一隅舉兵必不利。因與同志議。謀欲緩其事。遂偕畢永年赴上海。既乃查悉唐與保皇會有關。頗懷不滿。適是時林述唐秦力山亦由日返國。經營長江軍事。平山與畢同赴湖南。欲聯絡哥老會。遇林述唐於漢口。乃偕遊長沙瀏陽衡州各地。晤哥老會頭目李雲彪楊鴻鈞李堃山張堯卿辜鴻恩諸人。卽爲言興中會之宗旨及孫逸仙之生平。並約雲彪等同赴香港商議大計。次年畢偕哥老會頭目七人至港。開興中三合哥老三黨首領聯合會。平山與有力焉。唐才常初至上海。假日人田野橘次郎教授日文名義。創設東文社。實則爲自立會之運動機關。田野初任橫濱大同學校日文教員。後在澳門充知新報譯員。日人之助康梁者。以田野爲最。在上海出版之同文滬報。亦田野所創。未幾病終於上海。時才常尚未失敗也。與才常在漢口同時被逮者。

有日人甲斐靖一人。後由鄂吏解送駐漢日領事開釋。

日志士與星洲之獄　庚子二月。菲律賓獨立軍起。中山欲率黨員及日本同志至岷尼剌助之。因購軍械事被騙於日人中村彌六。卒無所成。時惠州義師將次發動。中山乃偕宮崎平山遠藤福本原口山下伊東大崎岩崎伊藤諸人先後至香港。欲乘香港警廳戒備稍懈時密入內地。指揮起事。乃因宮崎在新加坡被康有爲疑爲刺客一事。香港政府下令嚴防中山登岸。中山及宮崎諸人因是折回日本。先是宮崎主張孫康兩派合作之說甚力。得中山同意。乃偕清藤親赴新加坡訪康有爲。欲以詞動之。詎香港康徒聞宮崎曾到廣州訪劉學詢。疑與粵督李鴻章有所結托。遽以電康。謂宮崎奉李鴻章命來新行刺。康乃求當地英官保護。宮崎清藤甫入境。即被警察逮捕入獄。數日後中山自西貢馳至。遂向英官設法保釋。聯袂赴港。自是日本志士皆稱康有爲爲無情漢。無復有唱道孫康合併之說者。

日志士與惠州之役　中山宮崎等至日本。旋平山自上海來。報告長江活動情形。遂偕平山再赴上海。欲使長江沿岸會黨與惠州一軍同時發動。以分清軍之勢。詎到滬一日。適值唐才常在漢口事洩被執。長江一帶加緊戒嚴。無可著手。遂又折回日本。抵長崎後。因聞台灣總督兒玉源太郎有協助中國革命之意。乃轉渡台灣。與平山同寓台北新起街。兒玉密令民政長官後藤新平與中山接洽。許以起事後設法暗助。中山乃急電鄭士良。令卽發難。幷率兵從東江沿岸取道向廈門前進。以便由台灣接濟軍械。不料惠州義師發動旬日。日本政府忽告更迭。新內閣總理伊藤博文對華方針與前內閣大異。竟禁止兒玉與中國革命黨接洽。且不許武器出口。中山以一切計畫盡成泡影。不得已離台灣他適。同時派山田良政赴惠州鄭營報告軍事。山田入惠後。因失路爲清兵所害。日人殉義于中國革命戰者。山田爲第一人。

日志士與軍事學校　癸卯中山自南洋至日本。因留學界同志欲入東京士官學校而未能。乃就商於日野大尉。日野爲日本陸軍後起之秀。於最新式之波亞戰法極有心得。且能倣德廠方法製倣駁殼十響連發槍及木砲種種。日人之能製駁殼鎗者。以日野爲始。中山平日最留心研究波亞戰法。故與日野尤爲志同道合。聞中山言。願力助革命黨組織軍事學校。幷引其友小室爲輔。是卽青山附近所設軍事學校所由起也。惜乎學生十四人中各樹派別。開辦數月。內訌迭起。卒致中道解散。令日野大爲失望。否則革命黨有此軍事訓練機關。人才輩出。進步更未可限量。

日志士與同盟會　乙巳秋。中山從歐洲東返。宮崎出迎於橫濱。旋組織同盟會于東京。宮崎內田同爲第一日之發起人。第一次會場之赤阪區黑龍會及第二次會場之子爵阪本金彌邸。皆宮崎假自日人者也。其後平山萱野及社會黨員和田北輝等次第入會。宮崎平山旋因日政府贖金中山事不睦。和田北輝黨於劉光漢。謀入同盟會本部爲幹事。以劉揆一不贊成而止。

日志士與潮鎭二役　同盟會成立後　日人從中山克强奔走國事者。祇有萱野長知池亨吉二人。丁未潮州黄岡之役前後。二人居香港清風樓甚久。池且偕喬義生赴汕頭。寓幸阪旅館逾月。時因革命黨經費困乏。供給不周。竟至鬻所攜英文書以自給。是年五月。池有至友某日人律師在台灣爲本地巨富林某之財產管理人。謂可代籌巨款。以助中國革命。池得書。由港赴基隆。旋電約胡漢民赴台取款。胡乃變名應召。詎至基隆。赴郵便局楠瀨方訪池時。則事機已洩。無功而回。池復應中山之招赴越南東京。充英文祕書。其人於英國文學極爲深造。嘗却其戚伊籐朝鮮統監之聘。而從中山。革命方略所擬之英文對外宣言。卽出其手筆。鎭南關之戰。池隨中山克强歷險登山。失敗後歸國。著有支那革命實見記一書。與宮崎所著三十三年落花夢同爲中國革命史料不朽之作。

日志士與汕尾之役　萱野居香港時。賴有舊友垣內在灣仔業醫。每遇困厄。恆得其助。欽廉之役。馮自由派同志赴欽州。向垣內假得日人護照。爲出入關津之護符。攜護照者不知如何失落。輾轉入粤吏之手。粤吏遂藉此向廣州及香港日領事大起交涉。日領向垣內追索究竟。垣內大困。卒以詭言被盜塞責。萱野於丁未五月奉中山命回國購械。爲欽廉義師之需。以欽州白龍港接械不便。乃變更計畫。擬尅期運至惠州汕尾港。接濟許雪秋起事。詎因清艦戒備嚴密。不如所願。不得已折回日本。是役中山僅由馮自由手匯給日金一萬元。而萱野及日本同志定平伍一前田九二四郎金子克已三原千尋松木壽彥望月三郎等押運之械。爲新式村田槍二千桿。彈藥一百二十萬發。手鎗三十枝。爲中國革命史從來未有之利器。載械之輪船幸運丸乃神戶航業商三上豐夷向友人借用。爲此役損失不貲。三上爲萱野摯友。亦有心人也。萱野面多麻痣。自號鳳梨。自言日俄之役。奉彼國參謀部命赴東三省專聯絡馬賊。以擾亂俄軍後方。每於戰敗時。恆以易經及春畫二物自娛。大足振作其勇氣云。

第三十三章　革命黨與菲律賓志士之關係

中山與菲島獨立　布引丸之沉沒　中村彌六之騙案　頭山滿之斡旋　宮崎之報告書

中山與菲島獨立　戊戌（陽歷一八九八年）某月。美國對西班牙宣戰。以海陸軍攻擊西屬之菲律賓羣島及古巴羣島。菲島獨立黨首領阿坤鴉度與美人約。率其部下舉兵叛西。而美人則助菲人獨立。及西軍敗績。美人竟悔約。據菲島為己有焉。菲人大憤。轉以拒西之師拒美。因武器缺乏。竟為所屈。繼乃密派彭西Ponce為代表。赴日本購取軍械。希圖再舉。彭西知中山與日本民黨素有關係。遂由香港友人介紹於中山。商議購械方法。且托以全權。中山時以規畫軍事。多不如意。聞之大喜。乃提議率黨員至菲島。投獨立軍助其成功。事成後。由菲人協助中國革命。以為報酬。菲代表及中日同志咸贊成之。於是派宮崎以購械事就商於犬養毅。犬養曰。凡私運軍火者。必備警吏之耳目。吾與汝非其才。商人又貪利而忘義。宜擇友人中誠實而具商人之手腕者任之。沈思良久。復曰。使中村彌六當之如何。彼近屢對余言菲島事。或有意於此。[illegible]往說之。宮崎從其言。中村慨然允諾。於是購械及租船事皆由中村負責辦理。

而中山與中村之間。則以宮崎平山二人爲傳達機關。中村爲現任進步黨幹事。兼衆議院議員。亦日本名士之一。衆咸以爲付託得人矣。

布引丸之沈沒　庚子某月。中村由大倉會社購得軍械。復向三井會社僱一輪船曰布引丸。載運赴小呂宋埠。有日人同志高野及林二人乘船率之。詎是船駛至浙江海面。忽以沈沒聞。高林二氏死焉。日人之有志赴菲從軍者。尚有平山及現職武官遠藤等七人。幸未遇險。菲代表彭西及中山諸人聞船械俱失。極形懊喪。中村謂可以再試。務求達目的而後已。中山仍

宮崎寅藏（白浪滔天）

托以重任。迨軍械二次購得。則以日本政府監視嚴密。無法輸運。至菲島獨立軍一蹶不振。此物尚存貯大倉商店。竟無所用。中山乃商諸彭西。欲借該械供中國革命之需。菲代表欣然贊許。

中村彌六之騙案　惠州革命軍起。中山自台灣電宮崎。令將菲島獨立軍所購軍械。火速設

法運至戰地。宮崎乃派遠藤向中村交涉軍械事。中村托故他適。而使遠藤自赴大倉商店取械。大倉直告以此物盡屬廢鐵。祇可售給外國以求利。絕不能施諸實用。遠藤至是始覺察中村之詐。遂以告犬養宮崎。於是購械之黑幕頓然暴露。衆皆習矢于中村焉。中山自台灣返日。始知其事。乃要求大倉給還械值六萬五千元。以期甯人息事。大倉謂中村得利甚巨。祇允出價一萬二千五百元取回原物。犬養宮崎遠藤諸人皆以中村見利忘義。攻擊益力。旋又發見中村僞做函件印章等事。尤動公憤。事爲萬朝報所聞。遽將中村之欺詐行爲盡情披露。舉國爲之騷然。犬養以此事于進步黨名譽有關。派人諷中村自行脫黨。中村不允。犬養遂以總務委員之權力。強將中村開除黨籍。

頭山滿之斡旋　中山以中村拒絕償款。乃延辯護士三善梅井二人。欲向日本法庭起訴。後經詳細研究。乃知此案關繫中日菲德四國。將釀成極大之外交問題。非一朝一夕可以解決。適頭山滿出而斡旋。不欲此案擴大。以致振動一世觀聽。中山從之。遂允收回中村償款一萬三千元。草草了事。一塲風波。遂爾停息。然宮崎因此事竟爲日本諸同志所責難。惡聲四起。犬養特設宴爲之調解。席間宮崎與內田大鬨。各拔刃惡鬥。宮崎頗爲所傷。經旬始愈。非代表彭西于獨立軍頓挫後。移居越南西貢。與中山仍往還不絕。

宮崎之報告書　宮崎因此次購械事見疑于其國同志。特致函中山詳細解釋。照錄如左。

逸仙先生足下。辱交於茲。已四年矣。以大君子之容人。而效奔走於三色旗之下。謀事不成。屢遭蹉跌。然不足以灰僕之心也。乃者纔口中傷。惡聲四出。以先生知僕之明。本不待乎陳辯。第吾二人心性尚未至乎至聖靈通拈花微笑之境。距離又遠。難保無風雲阻隔。故謹述中六事件之經過于左右。表明心事。先生若有疑乎。願得此以解之。無則笑而棄之。

方先生在臺而電促軍器也。僕與遠藤木翁豫想方法。皆知急送之難。然其始中六實以全權獨當交涉之衝。末由窺其機奧。適中六有巡遊某地之說。遠藤遂詰以準備而止其行。否則請代理人而當此事。彼不得已而囑遠藤以委任狀。此遠藤出中六而與小倉相接之原因也。

遠藤訪小倉要求彈丸授受之事。彼曰時有不利。故不能引渡。遠藤曰。今當急送之時。豈費代價而無權催送。彼曰品物雖屬於君。然定運送之機。我權內之事也。是在與中六所契約之箇條中。遠藤聞之。且驚且怪。强求檢查實品。彼曰。此品今在□□□倉庫。雖吾不能易見。且二百五十萬品如何檢查。遠藤曰。吾奉職陸軍。略諳此道。可以方法鑑定之。彼悄然曰。此品原廢物。不如輸國外。以占巨利。此中六所貽與君等之利益也。遠藤聞言。益驚且怪。蓋小倉之意。誤以遠藤爲與中六同臭之人。於是馳告木翁。又以電話招僕。至是而中六之非行明矣。

小倉與中六既肥私而誤公。則彈丸之運送如何乎。乃電告先生。而先生復命曰。急送代金。至是木翁乃親訪小倉。彼曰以一萬二千五百金買返可也。翁曰。對於六萬五千而所償不及五分之一。未免太酷。彼急遮之曰。否。吾所受者五萬金。而此五萬中之利潤猶多歸中六。與夫關于中六方面之人。於是知中六之所私實不少。乃強請出三萬金。彼乞暫緩囘答。繼請再獻二千五百。卒許以一萬五千金而買返此丸。

木翁謂余曰。中六之罪不可逭矣。雖罪而責之何益。若設法使彼以所肥者仍獻於公。合之小倉之一萬五千金。以應前敵之急。然彼常貌爲貧而介。苟直接交涉而使償金者。决裂之事也。故宜示意小倉。使中六與彼爲表面之談。冀小倉或有勸告。藉小倉之名而出金。其如何。

方惠州之軍報起。僕與遠藤早至橫濱。既屢聞勝利之電。魂飛肉躍。實恨不能飛渡支那海。而奔走麾下。雖夢中紘索。如聞大軍凱歌之聲。而所以絆此軀者。實中六之事也。中六歸而僕往見。依木翁之意而演謎語。實則要其所肥之一萬五千金也。彼似略有覺悟。允與小倉談判。

次日復訪中六。未得要領。而木翁以電話招余。則遠藤亦在。於是中六之馳驟乃與吾輩日遠。

遠藤報告曰。吾面中六。適彼訪小倉而歸。見余憤然曰。木翁不義無情之僋。至小倉而詈吾者何事乎。吾與彼爲政友。而視之曾商人之不若。言次殆如狂人。窺其意。蓋彼至小倉而勸出金。而小倉亦以彼所行之非爲勸。於是不得不取證木翁之言。（即五萬金與六萬五千金之別）彼自知衆口不理。狠狽周章。而演此狂劇。然而此一事也。事之外猶有事。則私書私印之僞做是也。翌日僕訪中六。而遠藤先至。僞爲不知。而問小倉之返答。彼強言厲色曰。吾自後不與彈丸之事。僕問以故。彼復罵木翁。僕曉之曰。事非木翁而歸孫君。非孫君一人之私。而天下之公義也。君與木翁有爭。異日可也。今奈何以私憤棄天下之公義。而不速了此事。彼復如狂劇者。揭無條理之言。僕遂怒之。與遠藤怒罵而出。於是第一平和之手段破。

中六既不可理喩。而小倉亦非願捨其資者。但事前與小倉及德商之間所換之品物交換書。

又不能不煩中六。於是日北任其勞。由中六之手。而得德商之書。以了結小倉之方面。中六既奮自棄之勇。而張背水之軍。與木翁爲敵。乃游說黨之一角曰。木翁之傷吾。欲擢舊革進黨之勢力也。此時木翁猶祕中六之非。而世皆知木翁與中六不善。且有詰問事實者。漸爲黨中之一問題。而木翁猶不輕發。惟密告黨之二三領袖。時則先生已從臺灣歸。而揭發私印私書之僞做。

一日有小島君忽然來訪僕。謂僕曰。昨日中六求會見於吾。吾不見中六久矣。其必關於君等事件者。訪之如何。此日木翁出遊仙臺。不在。僕往勸歸。告曰。中六外強而中乾。其意欲應機。使吾當調停之役。翁聞言甚喜。於是復從事於平和之落着。

既而中六托小島君來。求會見於木翁。翁答曰。會見可也。然吾與中六不單見。須有一二友人之臨席。就麻翁奠北岡浩中選之。會見之地亦於三人之家。乃定奠北家中。而請麻翁之臨。至期。翁使僕作僞造書之寫本。懷之而臨會場。歸報曰。中六之演說甚長。其巧辯足以飾非。說畢。余無言。惟出二僞書示之。彼不能禦。遂服罪。

此會爲祕密之會見也。素不發表於人。亦爲中六守祕密之德義。況中六既服其罪而願償。則一縷之希望又自此生矣。何圖朝報偶揭中六之非。將驅逐於名譽之世界。而絕政治的生命。其狼狽無論。又偶有更石君求會見於彼。君以膽力鳴。彼有罪惡而恐怖也固矣。中六之意。以爲是木翁所教。翁欲自明。惟有乞記事之中止。且寬期面會。而朝報竟不止其銳鋒。並僞做書而亦暴露。此非對于中六死刑之宣告乎。於是彼益採毒血之決心。而第二平和之手段亦破。

中六之方面如此。而木翁之方面又有新生之問題。則於黨內之處分中六事也。自僞做書一顯於紙上。向翁而促此處分者極衆。翁亦無由曲庇。竊勸告以退黨之事。中六不允。乃以總務委員之權力而除之。

平和手段既破。所存者最後之一策耳。起訴是也。而中六曩對木翁而言償。故先生携書而訪中六。而中六之答如彼。先生怒之而欲起訴。乃托法律之事於三善君。復以更石所薦無報酬之梅井君爲副。此僕與先生共歷之事也。

僕等既採最後之决心。以對中六之毒血。而却以二木君之一言而轉向者。此不得不述於先生者也。二木君者僕之親戚也。送書招余時。富井君亦在座。二木君曰。君之意欲陷中六於死地乎。曰否。然則木翁如何。曰與僕同意。彼掉頭曰。木翁之窮追中六。實過酷矣。曰新聞。曰除名。以此二事。天下既目木翁爲無淚無血之人。今又聞起訴中六。

是豈欲斬中六而反自傷乎。僕隨辯事之經過。而曰。木翁豈不知一身之利害。但思對於孫君。而克盡自己之責任。不得已而出於此。彼甚有解色。忽一變其語調曰。然乎。是實君所以酬木翁知遇之時矣。僕問其故。彼答曰。吾恐木翁之心事較他人爲多。然居外部而觀。則多疑木翁爲無情。且中六鬼蜮之技。雖不可追。然君非曾一信賴而依托以大事者乎。彼有罪。君等不明之責。自在其中。何不大君心胸。以迎中六。且使木翁脫世人之疑。僕聞言心動。然知中六奸智。能對敵情而弄緩急。故所言終無濟也。臨去。彼云中六今日來乞調停。

旣而木翁電招僕。言麻翁來訪。力言窮追之非。吾反駁其言。彼去。使吾傳言會君於紅葉館。此日蓋與先生一會於小島之寓。訪辯護士三善而不値者也。麻翁之言。略如二木。僕略述其事之不得已。翁曰。事情吾知之。但我木翁之良友也。想君亦然。而君孫君之至友也。君與木翁致力於異鄉亡命之士之高義。吾甚感動。但中六與木翁亦爲多年政友。如爲活孫君而殺中六。是豈仁者之所爲乎。木翁云吾弄奸智。而吸亡命志士之膏血。不有可灑之淚。是理也。理雖有理。然人間之淚不灑於理。而流於情。君等若強遂行其決意。則世人之同情寧傾於中六。却上木翁以無淚無血之徽號。夫何不勒馬懸崖。以保全木翁之譽。而遂孫君之事。倘君有是心。吾請當中六方面。願君不言額之多寡。以便取償。余諾之。此實平和之着之再起者也。

麻翁又曰。君若容我之請。則中止起訴。僕曰非也。余等約三善之會談。猶餘二日。想君與中六之談。一席可决。僕又曰。吾甚疏於金錢之事。願得好顧問。乃推小島君。二日後。僕與先生往訪三善。乃知對於中六之罪雖有定法。然事涉隱謀。關於日清菲德四國問題。關係之人又不可不受多次之訊問。至於終局。約費數年。故先生之意亦動。又恐爲中六所知。乃故示麻翁以進行起訴之狀。終以中六之一萬三千金來。草草結局。此又僕與先生共歷之事也。

事實如前所陳。今請括言其要。則不殺中六。而立義於先生者。木翁最初之希望也。寗殺中六受無淚無血之嘲。而立義於先生者。木翁最後之决心也。而救中六於九死。復欲自出千金以補中六。而先生不受者。麻翁之至情也。僕不幸而承乏於其間。又不幸而洞察兩翁之心事。又能知先生之狀況。故毅然願當其衝。絕不感覺如何之困苦也。僕言盡於此矣。中六之起訴不成。而僕反若起訴於先生者。知先生之笑其愚也。然使僕至於此愚者。誰乎。陳其情於左右。希與先生之交情完於萬世也。先生其鑒之。幸甚。

著者按宮崎原書所舉姓名。多用隱語。以著者所知。中六郎中村彌六。木翁郎犬養毅。麻翁郎頭山滿。小倉郎大倉。更石爲內田良平。日北爲福本誠。尚有數名待查。

中華民國開國前革命史上編終

中華民國十七年十一月十五日初版
（中華民國開國前革命史上編一冊）
定價大洋二元五角
外埠郵費酌加

著作者　馮自由
發行者　革命史編輯社　上海極司非而路五十一號A
印刷者　良友印刷公司　上海北四川路
總代理　新新公司文房部　上海南京路
分售處　本外埠各大書坊及各大公司